中华蜜蜂饲养新法

ZHONGHUA MIFENG SIYANG XINFA

罗文华　姬聪慧　任　勤　主编

中国科学技术出版社
·北　京·

图书在版编目（CIP）数据

中华蜜蜂饲养新法 / 罗文华，姬聪慧，任勤主编 . —北京：中国科学技术出版社，2018.6

ISBN 978-7-5046-7912-3

Ⅰ. ①中… Ⅱ. ①罗… ②姬… ③任… Ⅲ. ①中华蜜蜂—蜜蜂饲养 Ⅳ. ① S894.1

中国版本图书馆 CIP 数据核字（2018）第 021688 号

策划编辑	乌日娜
责任编辑	乌日娜
装帧设计	中文天地
责任校对	焦　宁
责任印制	徐　飞

出　　版	中国科学技术出版社
发　　行	中国科学技术出版社发行部
地　　址	北京市海淀区中关村南大街16号
邮　　编	100081
发行电话	010-62173865
传　　真	010-62173081
网　　址	http://www.cspbooks.com.cn

开　　本	889mm × 1194mm　1/32
字　　数	157千字
印　　张	6.625
版　　次	2018年6月第1版
印　　次	2018年6月第1次印刷
印　　刷	北京长宁印刷有限公司
书　　号	ISBN 978-7-5046-7912-3 / S · 715
定　　价	22.00元

本书编委会

主　编

罗文华　姬聪慧　任　勤

副主编

王瑞生　谭宏伟　刘佳霖

编著者

程　尚　曹　兰　高丽娇　鲁必均

Contents 目录

第一章　中华蜜蜂生物学 …… 1

一、中华蜜蜂个体生物学 …… 1

（一）中华蜜蜂的极型分化 …… 1

（二）中蜂的外部形态特征 …… 3

（三）中蜂的内部结构 …… 13

（四）中蜂的个体发育 …… 21

（五）蜜蜂的生活及行为 …… 24

（六）相关生物学数据 …… 35

二、中蜂群体生物学 …… 37

（一）蜂群组成 …… 37

（二）蜜蜂的信息交流 …… 39

（三）蜂群的生长与生殖 …… 44

（四）蜂群的群体活动 …… 45

三、中蜂的特点及优势 …… 51

（一）中蜂的特点 …… 51

（二）中蜂的优势 …… 53

第二章　养蜂用具 …… 56

一、蜂箱 …… 56

（一）制造蜂箱的基本要求 …… 56

（二）蜂箱结构 …… 57

二、巢础……58
（一）巢础的种类……58
（二）使用巢础的注意事项……58
三、管理用具……59
（一）埋线器……59
（二）起刮刀……59
（三）面网……59
（四）隔王板……60
（五）割蜜刀……60
（六）蜂刷……60
（七）摇蜜机……61
（八）育王用具……61

第三章 饲养管理……62
一、蜂场建设……62
（一）放蜂场地的选择……62
（二）蜂群的排列……63
二、检查蜂群……64
（一）全面检查……65
（二）局部检查……67
（三）箱外观察……68
三、饲喂蜂群……69
（一）饲喂蜂蜜……69
（二）饲喂花粉……70
（三）喂水……71
四、蜂群的合并……72
（一）直接合并法……72
（二）间接合并法……72
五、蜂王、王台的诱入……73

（一）直接诱入法……73
（二）间接诱入法……73
（三）王台的诱入……74
（四）注意事项……74
六、被围蜂王的解救……74
七、蜂群的转移……75
（一）蜂群的近距离移动……75
（二）远距离迁移法……76
八、盗蜂的防止……76
（一）盗蜂的危害……76
（二）盗蜂的识别……76
（三）盗蜂的预防……77
（四）盗蜂的制止……77
九、蜜蜂的收捕……78
十、防止蜂群飞逃……79
十一、工蜂产卵的处理……79
十二、工蜂咬脾的处理……80
十三、分蜂群的控制……80
十四、造脾和巢脾保存技术……81
（一）巢础的选择……81
（二）巢础的安装……81
（三）造脾技术……82
（四）巢脾的保存……83

第四章　蜂群不同阶段的管理技术……84
一、早春繁殖技术……84
（一）观察出巢表现……84
（二）蜂群快速检查……85
（三）清理箱底或换箱……85

（四）加强保温 …… 85
（五）奖励饲喂 …… 85
（六）扩大蜂巢 …… 86
（七）以强补弱 …… 86
（八）喂水 …… 86
二、分蜂期的管理技术 …… 86
（一）“分蜂热”的征兆 …… 86
（二）控制自然分蜂的方法 …… 87
三、越夏期的管理技术 …… 88
（一）越夏前的准备工作 …… 88
（二）越夏期的管理要点 …… 88
四、秋季蜂群的管理技术 …… 89
（一）育王、换王 …… 89
（二）培育适龄越冬蜂 …… 90
（三）冻蜂停产 …… 90
（四）补足越冬饲料 …… 90
五、越冬蜂的管理技术 …… 90
（一）越冬前的准备 …… 91
（二）越冬保温工作 …… 91
（三）越冬管理 …… 92

第五章　优质蜂王培育技术 …… 93
一、人工育王发展史 …… 93
（一）三型蜂级型确定 …… 93
（二）雄蜂和孤雌生殖的发现 …… 94
（三）卵子的受精研究 …… 94
（四）蜂王和雄蜂的交尾 …… 95
（五）人工育王技术的研究 …… 95
二、人工育王主要设备 …… 96

（一）育王框……96
（二）台基棒……96
（三）人工台基……97
（四）移虫针……98
三、人工育王条件……99
（一）蜜粉源……99
（二）雄蜂……99
（三）气候……100
（四）群势……100
（五）种群选择……101
四、人工育王操作技术……101
（一）基本工具……101
（二）雄蜂培育……102
（三）幼虫的准备……102
（四）固定台基……102
（五）台基清理……103
（六）移虫育王……103
（七）移虫操作……104
（八）介绍王台……105
（九）蜂王提用……105
五、提高王台接受率关键技术……105
（一）台基类型选择……105
（二）台基孔径……106
（三）台基深度……106
（四）虫龄……106
（五）移虫方式……106
（六）移虫条件……107
（七）移虫数量……107
六、提高人工育王蜂王质量关键技术……107

（一）初生重与蜂王质量 …… 107
（二）卵的大小与蜂王质量 …… 108
（三）移虫日龄与蜂王质量 …… 108
（四）移虫数量与蜂王质量 …… 109
七、育王群、交尾群的组织与管理 …… 109
（一）育王群的组织 …… 109
（二）育王群的管理 …… 109
（三）交尾群的组织 …… 110
（四）交尾群的管理 …… 111

第六章　中蜂病害 …… 112
一、蜂场防疫措施 …… 112
（一）蜂场消毒 …… 112
（二）预防性消毒常用药物及使用方法 …… 113
二、中蜂病害防治技术 …… 114
（一）欧洲幼虫腐臭病 …… 114
（二）囊状幼虫病 …… 117
（三）蜜蜂败血症 …… 121
（四）蜜蜂麻痹病 …… 123
（五）蜜蜂蛹病 …… 126
三、蜜蜂敌虫害控制 …… 128
（一）蜂螨 …… 128
（二）巢虫 …… 133
（三）胡蜂 …… 135
（四）茧蜂 …… 137
（五）蚂蚁 …… 138
四、蜜蜂中毒处理 …… 139
（一）花粉中毒 …… 139
（二）甘露蜜中毒 …… 139

（三）农药中毒 …… 140

第七章 蜜源植物 …… 141

一、主要蜜源植物 …… 142

油 菜（142） 荔 枝（143） 龙 眼（144）
刺 槐（144） 柑 橘（145） 枣 树（145）
乌 柏（146） 紫云英（147） 柿 树（147）
荆 条（148） 苕 子（148） 紫 椴（149）
大叶桉（149） 沙 枣（150） 枇 杷（150）
紫苜蓿（151） 柠檬桉（151） 向日葵（152）
山乌柏（152） 老瓜头（153） 芝 麻（153）
棉 花（153） 荞 麦（154）

二、辅助蜜源植物 …… 154

苹 果（155） 西 瓜（155） 南 瓜（155）
黄 瓜（155） 甜 瓜（156） 五味子（156）
蒲公英（156） 益母草（156） 金银花（156）
马尾松（156） 油 松（157） 萱 草（157）
草 莓（157） 玉 米（158） 杉 木（158）
山 杨（158） 杨 梅（158） 钻天柳（159）
胡 桃（159） 榛（159） 鹅耳枥（159）
白 桦（159） 鹅掌楸（159） 柚 子（160）
楝 树（160） 枸 杞（160） 板 栗（160）
中华猕猴桃（160） 李（161） 樱 桃（161）
梅（161） 杏（161） 山 桃（162）
锦鸡儿（162） 沙 棘（162） 合 欢（162）
栾 树（162） 榆（162） 盐肤木（163）
甜 菜（163） 莲（163） 白屈菜（163）
甘 蓝（163） 萝 卜（164） 韭 菜（164）
白 菜（165） 葱（165） 香 蕉（165）

三、有毒蜜源植物 …… 165
雷公藤（166） 黎　芦（166） 紫金藤（166）
苦皮藤（167） 钩　吻（167） 博落回（167）
乌　头（167） 昆明山海棠（168）
油　茶（168） 狼　毒（168） 喜　树（168）
八角枫（168） 羊踯躅（169） 曼陀罗（169）

第八章　蜂产品 …… 170
一、蜂蜜 …… 170
（一）蜂蜜的成分与理化性质 …… 170
（二）蜂蜜的质量标准 …… 175
（三）蜂蜜的生产 …… 176
（四）蜂蜜的作用 …… 178
二、蜂王浆 …… 178
（一）蜂王浆的成分与理化性质 …… 179
（二）蜂王浆的质量标准 …… 180
（三）蜂王浆的保存 …… 182
（四）蜂王浆的作用 …… 184
三、蜂花粉 …… 184
（一）蜂花粉的成分与理化性质 …… 185
（二）蜂花粉的质量标准 …… 187
（三）蜂花粉的作用 …… 189
四、其他蜂产品 …… 190
（一）蜂蜡 …… 190
（二）蜜蜂幼虫及蛹 …… 192
（三）蜂毒 …… 193

参考文献 …… 195

第一章
中华蜜蜂生物学

蜜蜂是一种高度进化的营社会性昆虫，蜜蜂生物学是研究蜜蜂个体及群体生命活动规律的科学，包括蜜蜂个体的形态特征、解剖生物学、生殖发育、行为活动及群体活动等内容。蜜蜂生物学按其研究的对象可分为蜜蜂个体生物学及群体生物学。蜜蜂生物学是发展科学养蜂的基础，深入了解蜜蜂的个体及群体行为有助于我们科学地饲养蜜蜂、保护蜜蜂、利用蜜蜂，以期获得更大的经济效益及生态效益。

一、中华蜜蜂个体生物学

（一）中华蜜蜂的极型分化

中华蜜蜂简称“中蜂”，是一种社会化程度较高的昆虫，蜂群中任何一个个体都不能离开群体独自生活。通常，蜂群由 3 种不同类型的蜂组成，包括蜂王、工蜂和雄蜂，统称为“三型蜂”（图 1–1）。蜂王、工蜂为雌性蜂，雄蜂为雄性蜂。3 种类型的蜂拥有各自独特的形态结构、职能任务及行为特征，也决定了它们在蜂群中不同的分工；决定蜂王和工蜂极型分化的主要因素不是遗传因素，而是由后天的环境及营养因素决定的。

蜜蜂蜂群中的蜂王和工蜂均属于雌性蜂，由受精的二倍体卵

图 1–1　蜜蜂的三型蜂（引自《中国畜禽遗传资源志蜜蜂志》）

发育而成，它们的遗传基因是完全相同的。受精卵孵化以后，由于发育的环境和营养不同，雌性幼虫的发育逐渐向蜂王和工蜂两种极型分化。

在正常的蜂群中，蜂王将受精卵产在王台内，孵化后的幼虫得到充足的蜂王浆饲喂，并在最佳的温、湿度环境中发育成为性器官完整的蜂王；而同样的卵若产在工蜂巢房中，孵化后的幼虫只能在前 3 天获得少量的蜂王浆，而后则采食蜂花粉和蜂蜜，最终发育为性器官不完全的工蜂。在工蜂幼虫发育初期，若人为或蜂群改变其发育环境和营养，也可使幼虫的极型分化方向改变，本该发育为工蜂的幼虫发育成蜂王。在实际养蜂生产中，蜂农根据蜜蜂的这一生物学特性进行人工育王和王浆生产。采用移虫针人工将工蜂巢房内的 3 日龄内的小幼虫移到王台中，可使幼虫发育为蜂王；王台中移入 3～3.5 日龄的工蜂幼虫，则将发育成蜂王和工蜂的中间型；若王台中移入 3.5 日龄以上的工蜂幼虫，则只能发育成工蜂。虽然 3 日龄内工蜂小幼虫移入王台后，在蜂群中能发育成蜂王，但移入虫龄越大，其卵巢管数量越少，由此可以说明蜜蜂的极型分化从卵孵化以后就开始了。3 日龄后的工蜂幼虫，体内雌性器官的发育已基本定型，且不可逆转。因此，在人工育王中，为保证培育蜂王的质量，移虫的虫龄应不超过 24 小时，且以 12 小时内为最好。

幼虫的食物是决定蜜蜂极型分化的最主要因素。生长在王台中的幼虫与工蜂巢房内的幼虫所获得食物的质量与数量是不相同的。

幼虫食物数量的差异：在蜂群中，工蜂为幼虫提供王浆的活动称为哺育，而提供花粉和蜂蜜饲料的活动称为饲喂。蜂王幼虫比工蜂幼虫获得更长时间及更大量的哺育。通常蜂王幼虫每隔5分钟哺育1次，每次哺育时间不超过50秒钟，且王台中王浆有剩余，在5天的未封盖幼虫期，蜂王幼虫被哺育约1 500次。工蜂巢房中幼虫，在未封盖幼虫期共哺育和饲喂约140次。蜂王幼虫每天获得的食物约为工蜂幼虫的10倍。

幼虫食物质量的差异：蜂王幼虫和工蜂幼虫的食物差异不仅体现在数量上，在质量方面也有较大的差别。在蜂幼虫早期食物中，王浆的糖、泛酸、生物喋呤和新喋呤、10－羟基－2－癸烯酸（10–HDA）的含量远比工蜂浆中的含量高，蜂王幼虫食物中的生物喋呤、新喋呤和泛酸含量约为工蜂幼虫的10倍。蜂王幼虫王浆中10–HDA的含量也显著高于工蜂浆，经冷冻干燥后，蜂王幼虫王浆干粉中的10–HDA含量接近6%；1～3日龄工蜂幼虫食物王浆的干粉中含10–HDA只有3.25%，4～5日龄幼虫食物王浆的干粉中含10–HDA仅2.2%。

近年来，有关蜜蜂极型分化是由幼虫食物所决定的观点已得到广泛的认可，然而幼虫食物中哪种成分或哪几种成分起关键作用，仍不清楚。目前，有关幼虫食物影响蜜蜂极型分化主要有“蜂王决定因子假说”“食物摄入量决定假说”及“糖含量调节食物吸收率假说”。

（二）中蜂的外部形态特征

蜜蜂是一种全变态的昆虫，一生需要经历卵、幼虫、蛹和成虫4个发育阶段，不同阶段蜜蜂虫体的外部形态、内部结构和生活习性显著不同。蜜蜂的变态发育是长期进化过程中对生活环境适应的结果，其特化的形态构造与其独特功能一致。

1. 蜜蜂卵、幼虫、蛹的外部形态

（1）卵　蜜蜂的卵呈白色细长状，两端钝圆，前端稍粗。卵表面一侧略凸起，另一侧凹陷，凸起一侧为胚胎发育的腹侧（图1–2）。蜜蜂卵的大小通常与蜜蜂种类相关，中蜂卵长约1.6毫米，直径约0.38毫米；意大利蜂（意蜂）卵长约1.4毫米，直径0.31毫米。产卵时，卵稍细一端的表面附着有黏液，黏立于巢房底部，大的一端朝向巢房口。卵较大一端的顶部，有一个微孔，称为卵孔。成熟的卵在产出时，精子经卵孔进入卵内，实现受精。卵壳的表面呈网状。

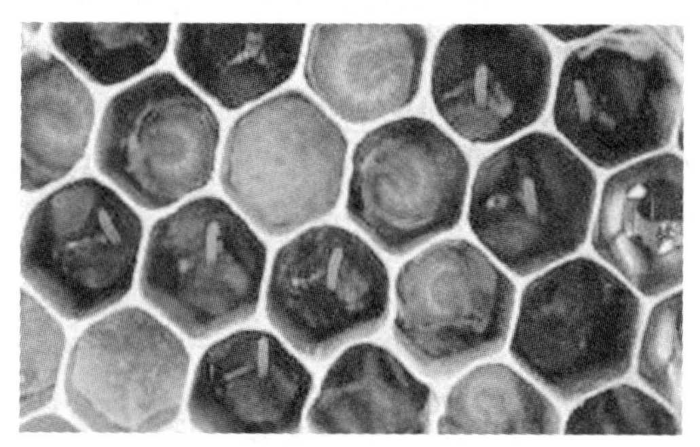

图1–2　蜜蜂卵（曹兰 摄）

（2）幼虫　初孵化幼虫呈蛋青色，重约0.1毫克，发育24小时后，体色逐渐变为白色。幼虫由新月形生长为“C”形、环形，最后直立于巢房中。幼虫呈蠕虫状，不具足，头部较小。头部和体表的13个横环纹构成幼虫躯体的环节，未分化出胸部和腹部。在幼虫躯体第2～11环节的两侧，每环节各有1对气门。幼虫头部的前面可见两个小盘状点的触角窝。采食器官由唇基、1对上颚、1对下颚和下唇组成。两下颚间有一中叶，由舌和下唇端部联合形成吐丝器，为吐丝腺的开口（图1–3）。

（3）蛹　蜜蜂蛹的发育，在形态上分为幼蛹和成熟蛹，幼蛹被包裹在最后1龄的幼虫表皮内。

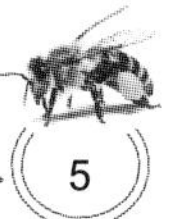

图 1–3　蜜蜂卵与幼虫（曹兰 摄）

幼蛹的触角、足和翅已展开，复眼和成虫的口器均已出现。三个胸节初期大小基本相同，随后中胸逐渐膨胀，挤占前胸和后胸。腹节仍保留着幼虫特征。在幼蛹后期，幼蛹胸腹间虽然还没有窄缩，但是胸部和腹部已可明显区分。雌幼蛹腹部末端有螫针原基。

成熟蛹体初期呈白色略透明，渐变为黄褐色。在稍后一个时期，复眼变为紫红色。成熟蛹的外部形态与蜜蜂成虫比较接近，头部与前胸间，第一和第二腹节间窄缩，形成头、胸、腹三个体段。摆脱幼虫表皮后，成熟蛹的外部形态不再改变，但内部仍继续分化（图 1–4）。

图 1–4　蜜蜂蛹（引自《蜜蜂的神奇世界》）

图 1-5　蜜蜂成蜂（曹兰 摄）

2. 蜜蜂成虫的外部形态　蜜蜂具有膜翅目昆虫的形态特征，体躯分节，分别集合为头部、胸部和腹部 3 个体段。在部分体节上着生成对的附肢，附肢也有分节。外骨骼的体壳支撑和保护蜜蜂的内部器官。体表密生绒毛，具有保护身体和保温的作用。特别是在寒冷地区越冬结团的蜂群，蜜蜂绒毛保温的作用尤为重要。头部和胸部的绒毛呈羽状分叉，这对蜜蜂采集花粉和促进植物授粉具有特殊的意义。蜜蜂体表有空心状与神经相连的毛，是蜜蜂的感觉器官（图 1-5、图 1-6）。

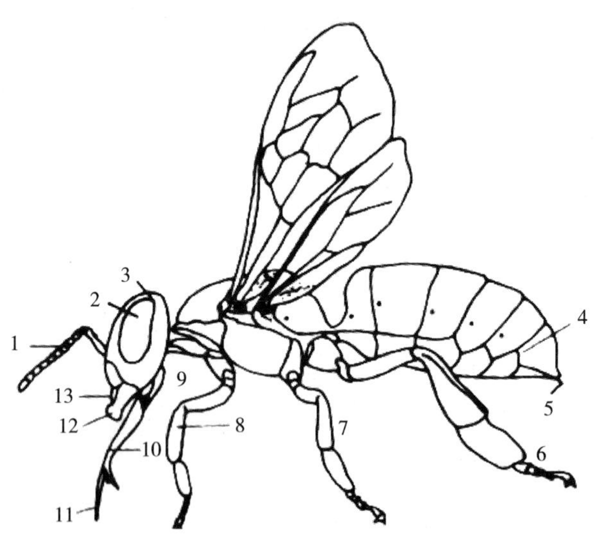

图 1-6　蜜蜂工蜂形态（摘自《中国蜜蜂学》）

1. 触角　2. 复眼　3. 单眼　4. 气门　5. 螯针　6. 后足　7. 中足　8. 前足　9. 下唇　10. 下颚　11. 中唇舌　12. 上颚　13. 上唇

蜜蜂在体节结合方面与一般昆虫明显不同。第一腹节前伸与胸部紧密结合，形成并胸腹节。并胸腹节后部紧缩，与第二腹节前部收缩成柄状的腹柄膜质相连，外观上将胸腹明显分为两段。为便于形态和功能研究的方便，将胸部三节和并胸腹节划分为胸段，除第一腹节外的腹部为腹段。

（1）头部　蜜蜂头部由细而富有弹性的膜质颈与胸部相连，着生感觉器官和口器，是感觉和采食中心。蜜蜂头部外观看不出分节的痕迹，但从胚胎发育和比较解剖学的研究表明，头部也是由几个体节组成的。头部的体节有 4 对附肢，触角、上颚、下颚和下唇。

蜂王、工蜂和雄蜂的头部形态各有不同，蜂王正面呈现心脏状，雄蜂呈圆形，工蜂呈倒三角形。3 个单眼在头顶呈倒三角排列；1 对复眼着生在头部上方两侧。1 对触角基相靠较近，位于颜面中央，其上着生 1 对触角。触角基下方有一呈拱形额唇基沟，与呈直线的上唇沟为呈近梯形略凸起的唇基。长方形的上唇悬挂于唇基下缘，能前后活动。1 对上颚着生在上唇基部后方两侧，可左右开合。上颚后方是口喙，由 1 对下颚和下唇构成，可向前伸出临时组成吮吸构造，也可折向头的后下方。

头部后方表面略凹陷，以膜质颈与胸部相连。头后中央有一椭圆形开口，称为头孔，头腔通过此与躯干沟通，食管、神经、背血管、血腔、气管、唾管等经此孔与胸部相连。后头孔两侧及下方为次后头，其后延不规则的隆起。次后头近下缘两侧有一对突起，与前胸侧板相连。后头孔下方体壁形成较大的马蹄形缺口，下唇和下颚基部镶嵌于此，并以膜质与缺口相连。此缺口下陷处为喙窝（图 1–7）。

①眼　蜜蜂的眼是其最重要的视觉器官，由 1 对复眼和 3 个单眼组成。

复眼是由数千只小眼组成的，蜜蜂的复眼是根据其视力的需要逐渐进化而来的。蜂王主要在蜂巢内活动，对视力要求相对较

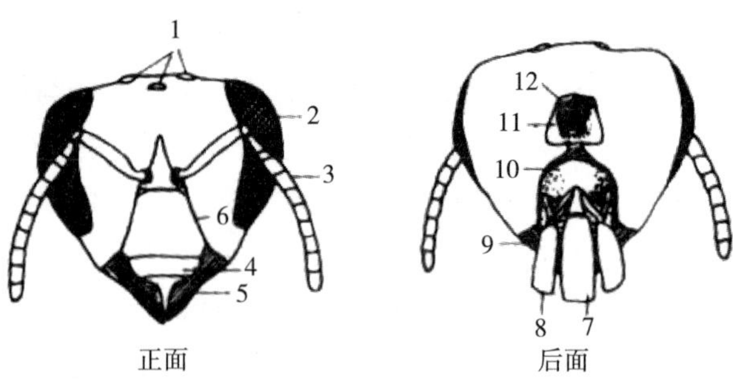

图 1–7　蜜蜂头部（摘自《中国蜜蜂学》）

1. 单眼　2. 复眼　3. 触角　4. 上唇　5. 上颚　6. 唇基界缝
7. 下唇　8. 下颚　9. 上颚　10. 喙窝　11. 后幕骨坑　12. 后头孔

低，每一个复眼由 3 000～4 000 个小眼组成；而工蜂需要出巢活动，对视力的要求较高，每一个复眼有 4 000～5 000 个小眼；雄蜂在交尾的过程中需要追逐蜂王，也需要较为发达的视力，其复眼由约 8 000 个小眼组成。复眼中的小眼通常呈六边形，相互紧密排列。由众多小眼组成的复眼表面呈球面状，每一个小眼的感光方向不同，小眼间着生许多较长且不分叉的毛。

单眼为半球状突起，直径约 0.5 毫米，有光泽，颜色稍暗。

②触角　触角是蜜蜂重要的气味感受器官，以其基部着生在头壁膜质的触角窝中，由四束肌肉牵引可灵活转动。蜜蜂的触角呈膝状，由柄节、梗节和鞭节等组成。柄节呈柄状，位于基部，雄蜂的柄节比工蜂短；第二节短小如梗，与柄节呈近直角弯曲；鞭节分亚节，可弯曲，位于触角的端部。蜂王和工蜂的鞭节共有 10 个亚节，雄蜂有 11 个亚节。除基部两个亚节外，鞭节的表面覆盖着许多与神经相连的感受器。触角感受器对接触和气味的刺激较为敏感。

③口器　蜜蜂的口器为嚼吸式，由上唇、上颚、下颚、下唇组成。

蜜蜂的上唇位于唇基的下方，可前后活动，主要功能是从口器前方阻挡食物。上唇内侧有一从唇基内壁突出延伸的内唇。内

唇为柔软膜片，其上有丰富的味觉器。

上颚是蜜蜂主要的咀嚼器官，主要功能为咀嚼花粉等固体食物、食用蜂蜡蜂胶、清理巢房、抵抗外敌等活动，并在吸食时支撑喙基。每一上颚由前后两个关节点与头部连接，由开肌和闭肌两条肌肉控制器左右开合。蜜蜂三型蜂的上颚大小、形状均存在差异。工蜂上颚的基部粗壮，中间缩窄，端部膨大变宽。在上颚内表面中央的上颚沟和上颚峡，始于上颚基部，与上颚腺的开口处相连，延伸至上颚的末端，贯穿上颚始终。蜂王上颚比工蜂的略大，基部更加粗壮，端部锐利，能够在羽化时自行咬开坚实的茧衣出台。雄蜂的上颚相对较小，基部略窄，端部狭小，近乎退化。

口喙是蜜蜂的吮吸器官，由下唇和下颚构成，其基部紧密相连，着生于头背部后头孔下方的喙窝膜质上。

（2）**胸段**　胸段是蜜蜂的运动中心，由胸部体节和并胸腹节（即第一腹节）构成，坚硬的体壁内有发达的内骨骼和肌肉，灵敏有力的控制着 3 对足和两对翅的活动。蜜蜂胸部三节分为前胸、中胸和后胸。相邻的胸节以节间缝分界，每一胸节均由背板、腹部和 1 对侧板构成。中胸和后胸背板两侧各着生 1 对膜质翅，前胸、中胸、后胸腹板两侧各着生 1 对足。并胸腹节由一大的背板和狭窄的横形腹板组成，与胸部构成一个整体。

前胸背板狭窄，呈衣领状，紧接于中胸盾片前面，两侧向后延伸形成扁平的背板叶，覆盖着第 1 对气门。前胸 1 对侧板向前伸出，在端部与头部连接。前胸侧板与腹板支持着 1 对前足。中胸是蜜蜂胸部体段中最大的体节，支持发达的中足和前翅。中胸背板位于前翅的翅基上，由盾片和小盾片组成，为胸壁的最高部位。小盾片呈弧形隆起，其色泽是蜜蜂品种特征之一。中胸背板隆起部分向前剧烈倾斜至前胸背板。后胸背板为一狭窄的环带状骨片。后胸背板在近翅基处略向外扩展。中胸和后胸侧板愈合。并胸腹节由前部宽大后部突然变窄的背板和狭窄的横形腹腔板组成，背板两侧有一椭圆形气门。

①翅　前翅和后翅分别着生在蜜蜂的中胸和后胸背板两侧，前翅大于后翅。蜜蜂的翅为透明翅膜质，翅上有网状翅脉，是翅的结构支架。昆虫翅脉由气管系统演变而来，在一定程度上能够反映系统发育上的亲缘关系，因此翅脉也是蜜蜂分类鉴定的重要依据。

翅基部有称为翅关节片的小骨片，包括翅基片、肩片、腋片和中片。翅关节片控制蜜蜂翅的展开、折叠、飞行、振翅、扇风等行为，其中腋片是翅与胸部连接及折叠的重要关节。蜜蜂翅基腋片共有 4 片，第一腋片与第四腋片连接，与胸部前背翅突相接，前端突出，是翅基片与中脉的支点，第二腋片内缘与第一腋片相接，前端顶接径脉基端，外缘与中片连接，腹面的凹陷与胸部侧翅突支接，是翅重要的运动支点；第三腋片是一后缘上卷长骨片，是翅折叠的重要结构。第三腋片近基部着生着 3 条肌肉，肌肉另一端附着在胸部侧板。肌肉收缩使第三腋片外端抬高，并向背部转，使展开的翅水平地转到胸部的背面，顺着胸部和腹部向后伸直。

翅的连锁器是蜜蜂协调飞行中前后翅运动的器官，由后翅前缘一排向上弯曲的小钩和在前翅后缘向下弯曲的卷褶组成。当展翅飞行时，前翅从后翅上面拖过，后翅的小钩就自然地和前翅的卷褶挂在一起。雄蜂的翅比工蜂发达，翅钩也比工蜂粗壮，有利于婚飞。

除飞行外，蜜蜂的翅还有扇风，调节蜂巢内温、湿度，促进稀蜜浓缩，振动发声，传递信号等功能。

②足　蜜蜂的足是其胸部的附肢分节，每膈节间关节处的活动只限于一个平面上，不同关节点的活动水平面不同，使得蜜蜂足的活动有了一定的灵活性。蜜蜂 3 对足的大小和形状均有所不同，但均有基节、转节、股节、胫节、附节和前附节等 6 个部分组成。

蜜蜂足的特化结构是经过长时间的进化，与环境及功能相互适应的结果。足附节共有 5 节，特别是与胫节相连接的基附节膨大延长，其上着生许多采集和携带花粉的结构。位于足末端的前附节由两个坚硬锐利的爪和一个柔软的中垫组成，是蜜蜂攀附和行走时的支撑器官。行走和停留时，在粗糙表面用爪抓附，而在光滑表面则用中垫吸附。工蜂的足除了用于行走外，还有采集和携带花粉的重要功能。这些特化器官均着生在三对足的基附节和胫节上，由于蜜蜂蜂群的社会化分工，雄蜂和蜂王的这类特化结构已经退化。

前足着生在前胸腹板两侧。在前足基如接基部的内缘，有一圆形的凹槽，槽内密生并整齐排列着一列粗壮短毛；前足胫节的端部内缘，靠近基附节的凹槽处，胫节端部有一可上下开合的指状突。此凹槽和指状突共同组成了蜜蜂的净角器。净角器是蜜蜂清理触角的器官，蜂王、工蜂和雄蜂均有。蜜蜂在清理触角时，先将触角柄节放入凹槽，在胫节和基附节弯曲并靠近凹槽的同时，可以活动的指状突早已放入凹槽中的触角上，然后抽拉触角，使凹槽中短毛刷除触角上的花粉、灰尘等异物。

工蜂前足基附节内缘边上，密生排列整齐的硬毛，类似刷子结构，称为附刷。前足附刷主要用于收集黏附在头部的花粉粒。

中足基附节内缘边也有附刷构造。中足附刷主要收集黏附在胸部和腹部的花粉粒。中足的胫节近端部内缘，有一可活动的胫距，用以清理翅基和气门。

后足基附节内侧表面，横向排列着整齐的十几列顺着基附节轴线向下生长的硬刺，用以承接前足和中足附刷收集来的花粉粒，此结构称为花粉栉。后足胫节端部后缘着生一排硬齿，叫作花粉耙，可将相对一侧后足花粉栉上具有黏性的花粉粒刮到花粉耙的齿根处，即花粉筐下部，再通过胫节和基附节间的关节抽动，耳状突将其推入花粉筐中。耳状突为一耳状突起，位于后足基附节基部外缘。耳状突边缘横向扁平，表面整齐密集排列尖齿状凸起。后足胫节外侧为花粉筐，是蜜蜂携带花粉团的器官。花粉筐表面略显凹陷，光滑无毛，基部窄，端部宽，蜜蜂采集花粉时，花粉团在此处形成。花粉筐周边着生弯曲的长毛，可起到从四周固定花粉团的作用；靠近端部中心处，生长一根较长的硬刺，花粉团将其包围其中，稳固花粉筐中花粉团。

（3）**腹端** 腹端是蜜蜂消化和生殖的中心，由除第一腹节外的腹部体节构成。腹腔内充满血液，内含复杂的消化、排泄、呼吸、神经、循环、生殖等系统，但外部形态比较简单。每一腹节背板两侧有1对气门，是蜜蜂呼吸系统的开口。此外，还有蜡镜、臭腺、螫针等结构和器官。

蜜蜂腹端明显可见环节，蜂王和工蜂6节，雄蜂7节。由于第一腹节已并入胸段，腹段可见的第一环节在生态学上称为第二腹节。腹段体节的体壁由一个较大的背板和一个较小的腹板套叠而成，以侧膜连接成桶状。腹板套叠在背板外侧。腹节间以节间膜相连，也呈套叠状，前一节背板和腹板分别向后延伸，将后一节背板和腹板部分遮盖。因此，蜜蜂腹部能够弯曲，也能在纵横两个方向伸缩。第二腹节前端急剧收缩，呈柄状与并胸腹节后端相接。蜂王和工蜂腹部末端为第七腹节，背板和腹板形成圆锥状。第八、第九、第十腹节合并缩小，隐匿于第七腹节内。

①蜡镜 蜜蜂的蜡镜共有4对，呈卵圆形，表面光滑，位于第四至第七腹节腹板上，为工蜂所特有。常态下，蜡镜被前一腹节腹板完全覆盖。蜡腺细胞生长在蜡镜内侧。蜡腺细胞分泌的蜡液通过镜膜微孔渗透到蜡镜表面，形成筑巢的原材料蜡鳞。

②臭腺 工蜂腹部第七节背板前缘表面有许多微孔，放大940倍后可清楚发现。具微孔的背板内部有臭腺。臭腺物质是引导信息素，在蜜蜂认巢、团集时，以气味作为信号招引同伴。常态下，臭腺微孔被前一节背板覆盖，释放臭腺物质时，露出微孔，并扇风以帮助气味扩散。

③螫针 螫针是蜜蜂的自卫器官，由产卵期特化而成，螫

针由三部分组成，即螯杆、螯针基和毒囊。一般情况下，螯针隐藏在第七腹节内螯针腔中，螯针基部悬在螯针腔膜质壁上，螯杆两侧是背产卵瓣。在自卫行为中，螯杆伸出刺入敌体，其末端具倒钩，毒囊收缩排毒。由于逆齿作用，两根螯针相对滑动的结果使螯杆越来越深入，最后整个螯针与蜂体断裂。螯针有独立的神经节，控制螯针肌肉有节奏的收缩，离体后继续深入，并继续排毒，直至毒囊中毒液排尽。

（三）中蜂的内部结构

蜜蜂的内部结构主要包括蜜蜂的消化排泄系统、循环系统、呼吸系统、神经系统、分泌系统和生殖系统。

1. 消化和排泄系统 蜜蜂成蜂的消化系统包括从口到肛门的1条长的消化管，可分为前肠、中肠和后肠三部分。前肠和后肠均由胚胎期的外胚层内陷而成。中肠由内胚层发育而来，主要用于消化和吸收。后肠主要承担水分回吸收和排泄废物的功能。

（1）前肠 蜜蜂的前肠由咽、食管、蜜囊和前胃组成。

咽位于口后，膨大为食窦，适用于吮吸和返吐液体，唇基的5对张肌黏附于食窦前壁，另有压缩肌交叉环绕其上。张肌收缩，食窦吸入液体；压肌收缩则口紧闭，液体被压入狭窄的食管或返吐而出。

食管是食窦后面一条细长的管子，经脑下部和胸部，进入腹部和蜜囊相连。

蜜囊为富有弹性的薄壁囊，有较大的伸缩性，蜜蜂采集的花蜜就暂时贮存于此。蜜囊内表面有稀疏的短绒毛。意蜂工蜂蜜囊平时容积为14～18微升，吸满蜜汁时，可扩大至55～60微升；中华蜜蜂工蜂蜜囊的容积可扩大至40微升。蜂王和雄蜂的蜜囊不发达。

前胃为前肠最后一部分结构，是调节食物进入中肠的活瓣，由4个前端呈三角形的瓣片组成，通过瓣片的开闭调节食物进入中肠的量，瓣片前端着生着密集的绒毛，有过滤食物的作用。

（2）**中肠**　中肠位于蜜蜂前胃之后，是消化和吸收的主要器官。正常的中肠近乎透明，外观的颜色一般为肠内食物的颜色。中肠呈环节状，增加了肠壁内吸收面积和肠壁的伸缩性。中肠表面有很多微气管依附。中肠肠腔内还有多层的围食膜包裹食物，可保护中肠细胞不受食物磨损，又可以让中肠消化酶通过围食膜对食物进行消化，分解的营养物质再由中肠细胞吸收。中肠细胞外层有发达的肌肉层控制中肠的活动。

（3）**后肠**　后肠位于中肠之后，由细长的小肠和粗大的直肠组成。小肠可以继续消化中肠中未消化吸收的食物，然后进入直肠。直肠有很强的伸展能力，能暂时地贮存食物残渣，并会吸收残渣中过多的水分等。直肠基部肠壁四周纵向分布着 6 条细长的直肠腺，腺体外表面可见气管伸入其中，而直肠的其他部位均无，说明腺体代谢活动旺盛。直肠腺分泌物具有防止粪便腐败的功能，在越冬期，无法出巢排泄的蜜蜂，其粪便可以贮存在直肠内长达 3～6 个月而不腐败。

（4）**马氏管**　马氏管是蜜蜂一条细长的盲管，起始于蜜蜂中肠和后肠的交接处，管的末端深入腹腔的各个部位，充分与血淋巴接触，以利于代谢废物进入马氏管，形成尿，随后进入后肠，与粪便一同排出。马氏管由单层细胞组成，管壁细胞外有一层坚韧而富有弹性的基膜，基膜上分布有大量的微气管和螺旋状横纹肌纤维，肌肉收缩可使马氏管扭动，有助于马氏管吸收废物。成年蜂的马氏管有 80～100 多条，它们是蜜蜂主要的排泄器官。

2. 循环系统　蜜蜂成年蜂的循环系统是开放式的，背血管是系统中唯一的管状结构，它自腹部背侧末端一直延伸至头腔。背血管由前部的动脉和后部的心脏组成。心脏是主要的搏动器官，后端封闭，由 5 个膨大的心室组成；每一个心室两侧均有 1 对小孔，称为心门，心门的边缘向内突入心脏，形成心门瓣。当心脏舒张时，心门瓣打开，血液被吸入心门，当心脏收缩时，心

门瓣关闭，血液向前压入动脉。

成年蜂腹腔被背膈和腹膈分割成背血窦、围脏窦和腹血窦 3 个血腔。背膈位于第 3～7 节腹节上部，腹膈从后胸延伸至腹部末端第 7 腹节。背膈和腹膈侧缘有很多孔隙，膈膜上的肌肉可以控制膈膜运动，使血淋巴在 3 个血窦之间流动。心脏紧贴在背膈上方。心脏下面和腹节背板两侧的翼肌相连，翼肌收缩，可以促进蜜蜂心脏的搏动。蜜蜂心脏搏动的频率随运动状态不同而发生改变。静止时，每分钟搏动 60～70 次；一般活动（如爬行、饲喂）为 100 次左右；飞行时，搏动高达 120～150 次。

蜜蜂动脉是引导血液向前流动的细小血管，起始于第一心室，向前进入胸部和头部，开口于脑的下方，在脑部区段有一些短促的弯曲。肌纤维收缩可控制血流方向。

背血窦中的血液由心门吸入心室，经心脏的搏动，血液向前流入动脉，最后由头部的血管口喷出，再向两侧和后方回流。血液流入胸部时，由于腹膈的波状活动，大部分血液流入腹血窦，其中一部分进入足内。血液经过腹膈的孔隙进入围脏窦，又由于背膈的运动，通过背膈孔隙回流入背血窦。背血窦的血液一部分进入翅内。

蜜蜂的血液也称为血淋巴，为无色或淡黄色的液体，由血浆和血细胞组成。其主要功能是将血液中的营养物质输送到机体其他组织器官；并将机体代谢产生的废物通过血液循环，经马氏管、直肠、气管系统和皮肤排出体外。血浆占血液总量的 97.5%，能溶解微量的氧。血浆中含有各种蛋白质、游离氨基酸、非蛋白氮、矿物质、酶类、激素等物质。蜜蜂血糖主要以海藻糖、葡萄糖和果糖为主，机体储存的糖原很少，运动时所需的能量主要由消化道中的糖转化而来，因此运动的蜜蜂必须有充足的糖。血糖的浓度和虫态、年龄、性别和当时的活动情况有关。每只蜜蜂平均可采到的血量约为：工蜂 4.5～7.1 微升，雄蜂 4.8～7.7 微升，蜂王 4.9～7.4 微升。

通常认为，蜜蜂血淋巴中有7种血细胞：原白细胞、白细胞、中性粒细胞、嗜曙红细胞、嗜碱细胞、缩核细胞和透明细胞等。血细胞大部分附着于各种内脏器官的表面，少部分悬浮于血浆中。血细胞主要功能是吞噬血液中的异物及死亡细胞和组织碎片。当器官组织受损伤时，血细胞会聚集于破损伤口处堵塞伤口或形成结缔组织促进伤口愈合。

3. 呼吸系统 蜜蜂的呼吸系统由气门、气管、气囊和微气管组成。气门是气管在体表的开口。成年蜜蜂的胸部有3对气门，腹部有7对，均匀分布在体节的两侧。第一对气门最大，位于前胸背板侧叶下方，但被侧叶边缘稠密的刚毛所覆盖，所以从外面看不到；第二对气门很小，位于中胸和后胸侧板上角之间，也被侧板遮盖；第三对气门在并胸腹节的侧板上，第4～9对气门位于腹部前6节背板的下缘。最后1对气门隐藏在螯针基部。除了第二对气门外，其他气门都具有关闭装置，能配合蜜蜂的呼吸。

成年蜂的呼吸运动，很大程度上受腹部体节的背腹肌和背纵肌控制。由于它们的收缩和扩张使得相应体节内的气囊体积发生变化，同时气门开闭的配合，使得新鲜气体进入气管或体内气体排出气管。氧气经气门进入气管系统，最后经微气管进入耗氧组织，而细胞代谢产生的二氧化碳并不进入微气管，而是大部分排入周围的血淋巴中，再通过气管或体壁的柔软部分扩散出体外。静止的成年蜜蜂主要依靠第七对气门的开合进行呼吸。飞翔时，空气由第一对气门吸入，再由腹部气门排出。腹部伸展时，胸部气门张开，腹部气门关闭；腹部收缩时，情况相反，彼此交替开闭。

4. 神经系统 成年蜂的神经系统分为中枢神经系统、交感神经系统和周缘神经系统。

（1）**中枢神经** 蜜蜂的中枢神经系统包括脑和腹部神经索，是最重要的神经组织。

蜜蜂的脑位于头部食管背面，又称为食管上神经节，可以

分为前脑、中脑和后脑。前脑最大，前脑背面有 3 条通向单眼的神经，两侧对称分布着发达的视叶，前脑中部有 1 对蕈体（又称为蘑菇体）。视叶是视觉中心，蕈体是最重要的联络中心，与复杂的学习和记忆密切相关。前脑是一切活动及生长发育的控制协调中枢，脑间部具有成组的神经分泌细胞，其神经轴突向后伸入心侧体，具有分泌、贮存和释放脑神经激素的功能；中脑位于前脑之下，包括两个膨大的触角叶，是触角控制中心。后脑位于中脑之后，很不发达，分为左右两叶，后脑发出的神经到达颚及上唇。三型蜂脑的发达程度有差异，如工蜂的蕈体比雄蜂的发达，而雄蜂的视叶比工蜂的大很多。

腹部神经索位于蜜蜂消化道的下方，由食管下神经节、体神经节及纵向连接各神经节的神经索组成。食管下神经节为腹神经索前端的第一个神经节，由颚节，即 2～4 体节的 3 对神经节合并而成，位于头内食管腹面，发出的主要神经分别伸入上颚、舌、下颚、下唇、唾管和颈部肌肉等处，主要控制口器动作。

体神经节由胸神经节和腹神经节组成，有一定程度的愈合，胸部可见 2 对发达的神经节，第一对神经节位于前胸，联系 1 对前足；胸部第二对神经节最大，位于中后胸之间，由中胸、后胸、并胸腹节和第二腹节共 4 节神经节合并而成，控制足翅等附肢和肌肉的活动。腹部有 5 个神经节，其神经分布于各腹节，控制各腹节的活动；最后 1 对腹神经节，其发出的神经节分布于第八体节及其后体节、生殖器翼肌后肠等处。

（2）**交感神经**　蜜蜂的交感神经主要支配内脏器官的活动。成年蜜蜂的交感神经主要由口器交感神经和腹部最后 1 个复合神经节组成。口器交感神经位于前肠背面，由额神经节、后头神经节和蜜囊神经节及其神经分支组成。额神经节位于胸的前方，食管背面，由 2 根额神经索与后脑相连。额神经节发出的神经通向唇基、上唇处，调控采食时口器的动作。腹部最后 1 个复合神经节发出侧神经节通向后肠、生殖器官和气门，因此也具有交感神经的功能。

（3）周缘神经系统　蜜蜂的周缘神经系统包括与中枢神经系统相联系的、分布于全身的感觉神经纤维（传入神经）、运动神经纤维（传出神经纤维）及与它们连接的感受器和反应器。

蜜蜂的感觉器官是接受体内外刺激的器官，都是由体壁和皮细胞以及表皮的特化部分、感受细胞组成的。蜜蜂外表面上有各种感受器，它们均来源于外胚层，各有不同的结构特点。感觉器按功能分为：触觉器、听觉器、嗅觉器、味觉器和视觉器等。

触觉器主要有毛形感受器和钟形感受器两种。成年蜂体表的毛形感受器由一圈非常薄的皮膜与表皮连接，刚毛基部与神经细胞相连。蜜蜂触角上的触觉和嗅觉往往是同时起作用的。蜜蜂在蜂巢内的黑暗处，用触角触及有气味的巢脾、巢房或幼虫时，通过触角表面的触觉器官和嗅觉器官，把获得的触觉和嗅觉联系在一起，使物体的形状和相应的气味建立联系。对蜜蜂来说，六角形巢房的蜡味和圆球形蜡团的气味不同。

在成年蜜蜂的头部和前胸之间、胸和腹之间关节的两侧有 4 丛重力感觉纤毛，蜜蜂头向前倾和向后倾时对纤毛产生不同的压力，可以使蜜蜂感受到它在空间与重力的相对位置。胸腹之间的重力感应纤毛也具有同样的功能。某些毛形感受器还具有检测气流的能力。钟形感受器具有检测表皮压力的功能，分布于工蜂和雄蜂的触角鞭节等附肢上。蜜蜂翅基有 1 500 个钟形感受器，每只足上有 400～600 个，螯针上有 100 个，口器和触角基部也有分布。

嗅觉器是感知气体分子的器官。板形感受器是蜜蜂最主要的嗅觉器官，是一个稍有凸起的卵圆形外膜，外膜盖在一个坛形腔上，外缘与体壁相连，直径 12～14 微米，膜上有直径 0.001～0.01 微米的小孔 5 000 个，气体分子可以进入，并使下端的神经感知。蜜蜂的嗅觉感受器分布于触角的鞭节上，即蜂王和工蜂触角的 3～10 节，雄蜂的 3～11 节。雄蜂的板形感受器在鞭节上的数量，比工蜂多5～10倍。

味觉感受器是感受化学物质刺激的器官。蜜蜂的主要味觉感受器是锥形感受器，位于口器、触角和前足附节上。锥形感受器为圆锥形刚毛，工蜂触角鞭节在第3～10节上分布，雄蜂无此感受器。

蜜蜂的听觉感受器是感受声波的重要器官，蜜蜂的听觉器有很多种，如膝下器和毛形感受器等。视觉感受器则包括1对由数千个小眼嵌合而成的复眼和3个单眼。蜜蜂复眼对空间分辨的能力较差，但有很好的时间分辨本领，能够看清快速运动的物体，并做出反应。

5. 生殖系统　蜜蜂的生殖系统分为雄性生殖系统和雌性生殖系统，主要功能是产生生殖细胞、交尾并繁殖新个体。蜂王和雄蜂是生殖器官发育完全的个体；工蜂的雌性生殖器官发育不良，无法交尾，仅在蜂群失王等特殊情况下才会产少量未受精的卵。

（1）雄性生殖器官　蜜蜂的雄性生殖器官主要由1对睾丸、2条输精管、1对贮精囊、1对黏液腺、1条射精管和阳茎组成。

睾丸是位于雄蜂腹腔两侧的一对扁平扇状体，内有众多细小的精管，精子就在精管内产生并成熟。睾丸连接一段细小的螺旋状扭曲的输精管，然后与长管状的贮精囊相连。两个贮精囊后端变窄，分别与1对大的黏液腺的基部相连。两个黏液腺基部再汇合成1根细长的射精管，射精管通入1根较长的阳茎，在交尾时，阳茎外翻。西方蜜蜂（西蜂）的球状部背侧，有1对黑色板片；扭曲的颈状部下缘有1排新月形的深色加厚部分，其背壁上着生1个具有穗状边缘的片状结构。阳茎囊末端是一个稍大的开口，背侧有1对囊状的角囊。阳茎的开口位于肛门之下、两阳茎瓣之间。阳茎瓣基部各有一小的阳茎基侧突。雄蜂的睾丸，在幼虫期只有很小的原基，到蛹期充分发育，位于蛹腹的中部。睾丸外有皮膜包裹，皮膜内有无数条精管，管内产生精子。

雄蜂是单倍体，精子在发育过程中不需要进行减数分裂。精原细胞经多次分裂后，形成圆形的精母细胞，再继续发育成带尾的初级精子细胞，最后形成头小尾长的精子。雄蜂发育成熟羽化出房时，精子通过输精管进入贮精囊暂时贮藏。

（2）雌性生殖器官 蜜蜂的雌性生殖器官由卵巢、输卵管、受精囊、附性腺和外生殖器组成。蜂王和工蜂均是雌性蜂，但蜂王的生殖器官发育完全，而工蜂发育不完全，形态及功能上有较大的区别。

蜂王有一对巨大的梨形卵巢，位于腹部的两侧，占据了腹腔的大部分空间。西蜂蜂王每个卵巢由100～150多条输卵管紧密聚集而成，东方蜜蜂（东蜂）的输卵管数量稍少一些。每条输卵管由一连串的卵室和滋养细胞室相间组成，卵在卵室内发育，成熟的卵从卵巢基部进入侧输卵管。两条侧输卵管再汇合成中输卵管，中输卵管末端膨大形成阴道。阴道口位于螫针基部下方，两侧各有1个侧交尾囊的开口。阴道背面有一圆球状的受精囊，是蜂王接受并贮存精子的器官，精子在受精囊中贮存数年之久仍可以保持旺盛的活力。受精囊上有1对受精囊腺，汇合后与受精囊管的顶端相连。受精囊管与阴道相通，卵经过阴道时，精子由受精囊中释放出，通过卵孔进入卵内进行受精。

工蜂的卵巢显著退化，仅有3～8条输卵管，受精囊仅存痕迹，其他附属器官也退化，无交尾能力。

6. 分泌系统 蜜蜂根据腺体的生理功能和结构的不同，可以分为内分泌腺和外分泌腺。内分泌腺分泌物通过组织间隙直接排入血液中，通过血液循环到达靶器官，调节机体生长发育等活动；外分泌腺又称为有管腺，分泌物通过导管排出，如蜜蜂的唾液腺和王浆腺等。

蜜蜂的主要内分泌腺有脑神经分泌细胞群、前胸腺、心侧体、咽侧体。脑神经分泌细胞位于前脑的脑间部，可分泌促前胸腺激素，具有促进前胸腺合成蜕皮激素的功能。前胸腺是一极小的叶状结构，位于幼虫前胸和中胸之间、第一对气门后面；幼虫期分泌蜕皮激素，控制幼虫的蜕皮，至成年蜂阶段，前胸腺退化。心侧体位于脑后方，附着于背血管壁上的一松散细胞团，可分泌多种激素。咽侧体位于脑下食管壁上的小球形细胞，成对，与心侧体靠得很近。咽侧体在幼虫期分泌保幼激素，使幼虫保持幼态，并影响雌蜂的极型分化。

蜜蜂有多种外分泌腺。许多外分泌腺的分泌物是重要的信息素，对保持蜜蜂的社会性生活具有十分重要的调节作用，而且不同极型和不同蜂型有所不同。成年工蜂头部有上颚腺、王浆腺和头唾腺；胸部有胸唾腺；腹部有蜡腺、臭腺和毒腺等。

（四）中蜂的个体发育

蜜蜂是完全变态的昆虫，三型蜂的生活史需要经过卵、幼虫、蛹和成虫 3 个阶段。通常把刚孵化的小幼虫到巢房封盖的阶段称为未封盖幼虫期；封盖到羽化阶段称为封盖期；封盖的大幼虫和蛹，统称为封盖子。

1. 蜂王的发育　蜂王在王台中产下受精卵，受精卵经过 3 天的孵化后成为小幼虫，蜂王幼虫在整个发育期都食用工蜂提供的蜂王浆。随着幼虫的生长，王台也会随之加高。在幼虫孵化后的第五天末，工蜂用蜂蜡将王台口封严。在已封盖的王台内，蜂王幼虫继续进行第五次蜕皮后化为蛹，然后由蛹羽化成为处女王。在处女王出房前 2～3 天，工蜂先把王台顶盖的蜂蜡咬薄，露出茧衣，以便让处女王容易出房。刚出房的处女王，便立即去寻找蜂群内的其他王台。当遇到一个封盖的王台，处女王便用锐利的上颚从王台侧壁咬开一个小孔，然后用螫针把未出台的处女王杀死，除非工蜂保护王台，以便进行第二次或第三次分蜂，否则，处女王会在巢脾上不断巡视，直到消灭最后 1 个王台为止。如果两只处女王正好同时出房，那么它们将进行生死决斗，用螫针和上颚去攻击对方，直到其中一只被杀死。

刚羽化的处女王害怕阳光，加之个体与工蜂差异不大，因此在出房后的几天，很难在见光的巢脾上发现它，出房3天后，处女王便出巢试飞，熟悉蜂巢所处的环境。因此，为了让处女王更加容易辨认自己的蜂巢，一般需要在蜂箱上涂抹各种颜色。当处女王到6～9日龄时，其尾端的生殖腔时开时闭，腹部不断抽动，并有工蜂跟随处女王，这标志着处女王已经性成熟。在气温高于20℃无风的天气，处女王在一些工蜂的簇拥下进行婚飞，交尾的地点一般在距离蜂箱3～4千米的30米高空。每只处女王可以与多只雄蜂交尾。交尾可以在一天或者几天内完成。完成交尾的蜂王，通常在交尾后2天左右开始产卵，并专心开始它的繁殖任务。已交尾的蜂王可以在王台或工蜂巢房中随意产下受精卵，在雄蜂房内产下未受精的卵。

蜂群中出现王台通常有3种情况。首先是蜂群群势太强，蜂群需要自然分蜂，此时的王台较多，且位于巢脾下缘和边缘；其次是产卵王已经衰老，工蜂会在巢脾中央位置造1～3个王台，培育新的蜂王，这种情况可以见到老王和新王并存，不久老王会自然死亡，这种现象称为母女交替；再次是蜂群内蜂王突然死亡或受到严重的损伤，工蜂会把1～3日龄幼虫的工蜂巢房改造成为王台，以此来培育新王，此时王台数目最多，且位置不固定。

2. 工蜂的发育 工蜂的幼虫在1～3日龄时与蜂王幼虫均食用蜂王浆，3日龄后改为食用蜂粮，这正是蜂王和工蜂极型分化的关键因素。

刚出房的工蜂幼虫身体柔弱，呈灰白色，需要其他工蜂饲喂，数小时后逐渐硬朗起来，但动作仍然缓慢，也没有螫刺的能力。3日龄以内的工蜂除了食用蜂蜜外，还需要补食蜂粮，以保证个体正常发育所需要的蛋白质。工蜂的初次飞行一般在3～5日龄，在巢门附近做一些简单的认巢飞行，并进行第一次排泄。在晴好的天气下午1～3时，幼龄工蜂会集中出巢飞行，飞行中头向巢门，距离逐渐扩大，持续10～20分钟后回巢。工蜂的首次采集飞行一般在17日龄左右，主要采集花粉和花蜜。寻找蜜源、采水和采蜂胶的工作主要由年龄稍大的工蜂承担。主要从事采集活动的工蜂被称为“外勤蜂”；外勤蜂也会参与巢内的工作，当外界天气不好的时候，外勤蜂也不会处于空闲的状态。当蜂群是由单一幼龄的工蜂组成的蜂群，会有一部分工蜂提前开始采集活动。此外，当外界大流蜜期来临时，部分幼龄工蜂也会提前参与采集活动。研究显示，工蜂血液中的保幼激素含量与工蜂从事的巢内、巢外工作有很大的关系，血液中的保幼激素含量会随着日龄的增加而增加。

3. 雄蜂的发育　雄蜂幼虫食用的营养物质质量与工蜂相似，但数量为工蜂 3～4 倍，因此雄蜂幼虫比工蜂幼虫大。当雄蜂幼虫封盖时，雄蜂巢房的封盖明显高于工蜂巢房的封盖。中蜂的雄蜂封盖呈现笠帽状，并在上面有透气口，而意蜂没有（图 1–8）。

刚羽化的雄蜂是不能飞翔的，只能爬行，它们主要在巢房的中央有幼虫的区域活动，这主要是因为在这一区域内有较多的哺育蜂，它们一方面可以很方便地向这些哺育蜂乞求食物，另一

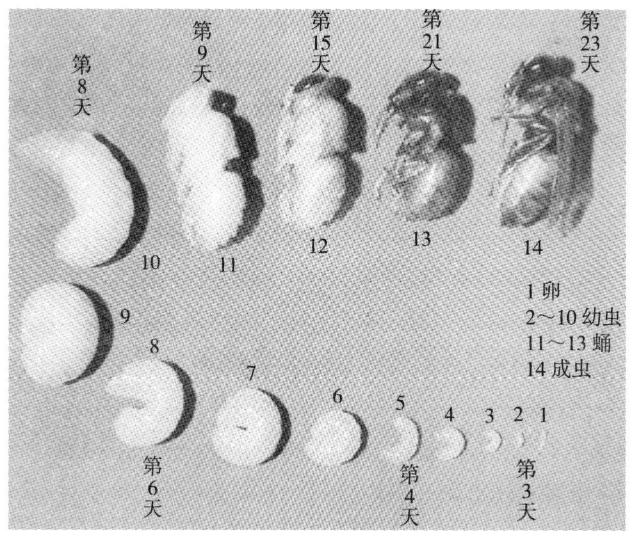

图 1–8　蜜蜂的发育（摘自《中国蜜蜂学》）

方面，这一区域的温度也比巢房周围的温度高，有利于雄蜂的发育；而发育到即将成熟阶段的雄蜂则主要在边脾上活动，这时它们可以自己取食工蜂贮存在巢房内的食物，同时这些地方也距离巢门更近，利于它们出巢飞行。雄蜂出房后 7～8 天，开始认巢飞行，认巢飞行的时间很短，一般为几分钟。大约羽化 12 天后的雄蜂性成熟，它们开始进行婚飞，每次持续 25～32 分钟，有时甚至超过 60 分钟。雄蜂在一天内会出巢飞行 3～5 次。雄蜂婚飞有一个很明显的特征就是成百上千只雄蜂聚集在一起，形成雄蜂云，也叫作雄蜂聚集区。通常一个雄蜂聚集区会有来自多个蜂群的雄蜂，而且每年都在同一个区域形成，雄蜂聚集区通常就是雄蜂和蜂王交尾的场所。

雄蜂 12～27 日龄是与蜂王交尾的最佳时间。只有最强壮的雄蜂才能获得与处女王交尾的权利。交尾后雄蜂由于生殖器官脱出，不久后便死亡。

4. 中蜂和意蜂的发育时间 蜜蜂三型蜂的发育时间与其蜂种有关。中蜂和意蜂的发育时间如表 1–1 所示。

表 1–1　中蜂与意蜂的发育时间（天）

三型蜂	蜂　种	卵　期	未封盖期	封盖期	出房日期
蜂　王	中　蜂	3	5	8	16
	意　蜂	3	5	8	16
工　蜂	中　蜂	3	6	11	20
	意　蜂	3	6	12	21
雄　蜂	中　蜂	3	7	13	23
	意　蜂	3	7	14	24

（五）蜜蜂的生活及行为

蜜蜂三型蜂在蜂群中承担着不同的职能，因此它们在蜂群中的生活规律也不同。蜂王和雄蜂主要承担蜂群的生殖任务，而工蜂则负责巢内的其他所有工作。

1. 工蜂的生活与行为

（1）工蜂活动与社会分工 蜜蜂工蜂的活动与社会分工通常与工蜂的生理发育、个体和群体的生活需要及外界环境因素有关，其中最重要的因素就是生理发育。例如，当咽下腺发育时，工蜂就会分泌王浆哺育小幼虫和蜂王；当蜡腺发育时，工蜂就会分泌蜂蜡修筑巢脾；当工蜂衰老绒毛脱落后，就不再从事采集花粉等工作。一般根据蜜蜂所承担的工作，将工蜂划分为幼龄、青年、壮年及老龄 4 个阶段。幼龄蜂和青年蜂等低日龄的工蜂，主要从事巢内活动，为内勤蜂；壮年及老龄蜂等高龄的工蜂则主要从事巢外采集工作，称为外勤蜂。

幼龄蜂指的是工蜂羽化后 1～8 日龄、未开始分泌王浆的工蜂。羽化出房的幼蜂，身体柔弱，灰白色，经数小时后，才逐渐硬朗起来。幼蜂 3 日龄内主要承担保温、扇风和清理巢房等工作；4 日龄以后的工蜂则参与调制粉蜜、饲喂大幼虫等工作，并开始重复多次认巢飞行和第一次排泄。

青年蜂指的是 8～20 日龄的工蜂，主要承担巢内工作。在这一阶段，工蜂生理发育的最大特征就是咽下腺和蜡腺发达。主要承担饲喂小幼虫和蜂王、清理蜂巢、酿蜜、筑造巢脾、使用蜂胶及蜂巢守卫等工作，通常 6～18 日龄时工蜂咽下腺发达，13～18 日龄则蜡腺发达。壮年蜂一般指从事出巢采集的主力工蜂。蜜蜂的采集是逐步发展的，一般开始于 10 日龄，20 日龄后采集能力得到充分发挥。采集蜂主要承担采集花蜜、花粉、树胶或树脂、水、矿物质等工作。

现代养蜂中，适龄采集蜂是一个比较重要的概念，已被广大蜂业生产者所接受。适龄采集蜂是指处于采集能力最强日龄段的工蜂，这与壮年蜂的概念比较接近。当大流蜜期来临时，蜂群中的适龄采集蜂的数量和比例，是蜜蜂优质高产的关键因素。但是，适龄采集蜂的日龄段至今不是十分明确。

老龄蜂指的是采集后期，身上绒毛已磨损，呈光秃亮黑的工蜂。老龄蜂从日龄上还没有明确的界定。工蜂进入老龄阶段的日龄与其寿命和前期的采集强度密切相关。人为地使用二氧化碳处理，可以促使工蜂老化。老龄蜂多从事寻找蜜源、采蜜、采水、采胶等工作。工蜂所从事的工作具有很大的灵活性，通常需要根据蜂群的需要进行调节，并且可以在一段时间内从事多种活动。

在自然条件下，工蜂的活动除了受到生理发育影响外，还与蜂群的需要、环境和体内刺激等有关。越冬后的部分工蜂，咽下腺或蜡腺会再度发育，分泌王浆或蜂蜡，从事哺育工作，或分泌蜂蜡修筑巢脾；在人为组织的幼蜂群中，5～6 日龄的工蜂就能出巢采集。正在从事巢内工作的蜜蜂，在受外勤蜂采回的花蜜的刺激下，可能会向巢外采集工作转移。由于蜜蜂活动的灵活性，蜜蜂活动的日龄分工也更加复杂。

工蜂虽然可以根据蜂群需要调节其分工，但适龄的工蜂从事相应的工作更能发挥其效率。根据需要临时调整分工，且带有应急的性质。例如，越冬后咽下腺再度发育的工蜂的哺育能力，远远低于春季的哺育蜂。受外界大流蜜期刺激或采集蜂不足，青壮年工蜂参与采集活动，其采蜜量不如适龄采集蜂。

（2）工蜂个体行为

①饲喂和哺育　饲喂和哺育是工蜂对幼虫进行喂食的行为。饲喂是指工蜂为幼虫传递粉蜜等调和性食物的活动；哺育是指泌浆工蜂对蜂王幼虫和工蜂、雄蜂小幼虫进行饲喂的活动。因此，咽下腺发达的工蜂也称为哺育蜂。幼工蜂通常在 3 日龄开始饲喂幼虫，从事哺育工作则需要工蜂咽下腺充分发育完全以后。意蜂的哺育蜂多为 9～18 日龄。哺育蜂和饲喂蜂对卵房察看的时间较短，为 2～3 秒钟；幼虫房的察看时间较长，为 10～20 秒钟。哺育和饲喂行为是在多次察看的基础上进行的，每次哺育或饲喂时间需要 0.5～3 分钟。1 只幼虫平均每天需要接受 1 300

次察看。

②取食和食物传递　蜜蜂的食物主要为蜂蜜和花粉。虽然蜂王、工蜂和雄蜂小幼虫的食物为蜂王浆，但是蜂王浆也是以花粉、蜜为主要材料在工蜂体内转化而成的。蜜是蜜蜂的能源物质，蜂巢内无贮蜜就会导致蜂群死亡；花粉是蜜蜂的结构物质，缺乏花粉就会影响蜜蜂的生长发育。蜜蜂的三型蜂均能自行从巢房中取食，但蜂王、雄蜂和 2 日龄以内工蜂大多由工蜂饲喂。在蜂群内部经常发生食物传递的行为。食物多由工蜂传递给蜂王、雄蜂和幼虫，也会在工蜂之间相互传递。这种行为多由乞食动作引发，乞食者将头部正对着食物提供者的头部，向前伸出口喙。食物提供者接受到乞食者信息后，便张开上颚从蜜囊中吐出蜂蜜于上颚之间。乞食蜜蜂用口喙在对方上颚间吮吸（图 1–9）。在接受食物的过程中，乞食者不断地用触角轻轻拍击对方的头部，直到乞食结束才将一对触角分开。蜜蜂食物传递行为有利于食物的平均分配，节省在巢内寻找食物的时间。尤其在贮蜜不足的情况下，可以避免蜂群部分蜜蜂因为饥饿而死亡。因此，蜂群因缺乏贮蜜饥饿死亡均为整群大量死亡。食物传递还能起到传播和扩散蜂王物质的作用。

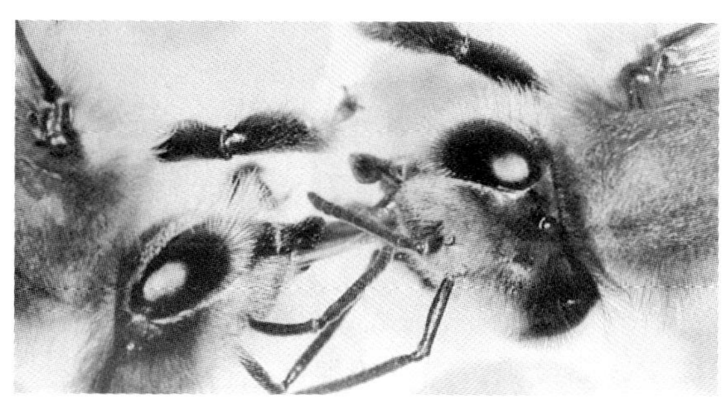

图 1–9　蜜蜂的食物传递（摘自《蜜蜂的神奇世界》）

③飞行活动　蜜蜂的飞行活动是蜜蜂巢外活动的最主要方

式，如蜜蜂的采集、交尾、分蜂、迁居、认巢、排泄等。蜜蜂飞行能力在一定程度上能够反映其活动能力。在气温 29℃ ± 1℃，湿度（48 ± 8）% 条件下，工蜂和雄蜂飞行时需要的能量为 0.5W/克，蜂王飞行所需要的能量较低只有 0.3W/ 克。然而，蜜蜂的飞行能力还与发育、日龄、负荷、气候等多种因素有关，壮年蜂的飞行能力最强。蜜蜂的飞行活动范围主要与蜜源有关，当蜜粉源丰富时，飞行范围小，常在 500 米范围内活动；当蜜粉源稀少的时候，采集半径可以扩大到 3～4 千米及以上，甚至能飞到 13.7 千米的地方采集。一般情况下，意蜂飞行活动半径为 2～3 千米，中蜂为 1～1.5 千米。

④*采集活动*　蜜蜂的采集活动是蜜蜂获得营养物质的唯一途径。蜜蜂的正常生长发育需要蛋白质、脂肪、碳水化合物、水、矿物质、维生素等，这些营养物质大部分都是蜜蜂从花粉和花蜜中获得的，有时还需要采集蜂胶、盐类和水等。蜜蜂在采集的过程中，也会根据花朵提供的花蜜和花粉量，以及巢内的需要，选择采集花粉、花蜜或同时采集粉蜜。蜜蜂的采集活动主要受外界蜜粉源、气候条件、巢内需要等因素影响。外界蜜粉源丰富、巢内蜜粉缺乏都能刺激蜜蜂出巢采集；天气寒冷、酷热、大风阴雨等天气不利于蜜蜂出巢采集。工蜂采集飞行的最适温度为 18～30℃，气温低于 9.5℃时，意蜂停止巢外活动；气温低于 6.5℃时，中蜂停止巢外活动。在 14℃时，中蜂出巢采集的数量是意蜂的 3 倍。

⑤*酿蜜活动*　蜜蜂将采集回来的花蜜酿造成蜂蜜的过程称为酿蜜活动。花蜜和蜂蜜有明显的区别。首先蜂蜜的含水量显著低于花蜜；此外，蜂蜜中的糖主要为转化糖（葡萄糖和果糖），而花蜜中的糖主要为蔗糖。蜂蜜的酿蜜过程使花蜜经过两种性质不同的变化。一是物理变化，即浓缩花蜜，减少花蜜的含水量；二是化学变化，通过转化酶的作用，使蔗糖转化为葡萄糖和果糖。蜜蜂采集花蜜时，将含有转化酶的唾液混入花蜜，花蜜中

的蔗糖开始水解为葡萄糖和果糖。归巢后，采集蜂将花蜜传递给2～3只内勤蜂，稍作休息后又出巢采集。在大流蜜期，内勤蜂不足时，外勤蜂也会寻找合适的巢房，直接将花蜜贮存在巢房中。

⑥防御行为　蜜蜂的防御行为是在长期进化过程中形成的，是对种内和种间生存竞争的适应。蜜蜂防御的主要形式是保卫蜂巢，所以防御行为多发生在蜂巢内或蜂巢附近。遭遇蜜蜂攻击时，只需要离开蜂巢一定距离就会安全。蜜蜂的蜂巢防御范围与蜂种有很大关系，意蜂的防御区域为距离蜂巢数米，而赛加尔蜂则远很多。蜜蜂的攻击行为是一种被动的防御行为，只是对某些视觉、嗅觉、触觉等刺激做出的本能反应。在蜂箱或打开箱盖的蜂箱前方快速移动的物体，尤其是深暗色的物体，容易引起蜜蜂的螫刺行为。毛皮动物特有的腥臭气味更容易引起蜜蜂的攻击，常有牛、马等家畜被蜜蜂螫刺伤亡的现象。因此，在选择养蜂场址时，应远离人群和畜牧场。养蜂人应该穿着浅色工作服，身体无明显的汗臭等异味，以减少蜜蜂的攻击行为。蜜蜂在螫刺时，会在螫刺部位留下标记性警报激素，这种外激素气味容易引起其他蜜蜂再度攻击。报警外激素可以用水洗去，被螫后可以用清水清洗。烟熏能够扰乱蜂群的防御，蜜蜂防御行为强烈时开箱，可以用熏烟的方法，防止被螫。

蜜蜂种内竞争的防御形式，是以防止盗蜂为主。尤其是在蜜源缺乏的季节，守卫蜂拒绝它群蜜蜂进入蜂巢。种间竞争是在蜜蜂与天敌之间进行的，包括巢外捕食性天敌和巢内寄生性天敌。防御器官主要是螫针和上颚。

2. 蜂王的生活　蜜蜂蜂王是通过其产卵力和外激素分泌直接影响蜂群的生殖力和生产力。正常蜂群只有1只蜂王，蜂王在蜂群中的作用是其他成员不可替代的，所以蜂王对蜂群和养蜂生产都有着十分重要的意义。在自然条件下，蜂王的寿命可达数年。但是中蜂蜂王1年以后，意蜂蜂王1年半以后产卵力就会下降。所以，除了种用蜂王需要考察鉴定外，生产性用王一般1年或1年多就需要更换。转地放蜂的蜂群，蜂王几乎是连续产卵的，这样的蜂王衰弱得很快，甚至需要1年更换1～2次。蜂王一生中最重要的活动是出台、交尾和产卵。

（1）蜂王的产生 在自然条件下，蜂群产生蜂王的情况主要有3种，自然分蜂、自然交替和急迫改造。这三种形式下蜂群改造的王台分别称为分蜂台、交替台和改造台。无论出现何种形式的王台，从蜂群的管理角度看均属于不正常现象。快速准确地判断蜂巢中出现王台类型，对分析蜂群中发生的问题和采取相应措施是十分重要的。

（2）蜂王出台 处女王指的是刚羽化出台未经交尾的蜂王。出台前2～3日，工蜂会将王台前端的蜂蜡咬去，露出王台内的茧衣。因此，王台端部的茧衣已经露出，可以判定处女王将于近日出台。处女王在台内用锐利的上颚，从王台内部顺着圆周方向将王台端部约3/4的边缘咬开一裂缝，然后用头部顶开茧衣盖，伸出前足探索落足点。当中足也在台口边缘稳固落足后，便能轻松地从王台中爬出。随即工蜂将剩下的王台空壳销毁清除。

当蜂群准备分蜂时，处女王咬开台盖后，力图出台，但是工蜂常在几小时甚至几天内阻止它出台，只是通过咬开的缝隙饲喂蜂王。只有分蜂发生以后，才允许第一只处女王出台，以此避免处女王与原蜂王相互厮杀。

刚羽化的蜂王，体色浅淡且柔弱。在自然情况下，一只健全的新蜂王出台后，表现十分活跃，常巡视于各个巢脾，寻找并破坏其他王台。破坏王台时，处女王用上颚从王台侧壁咬开孔洞，用螫针杀死王蛹。处女王多刺杀成熟王台中的王蛹，很少攻击未封盖王台，低日龄虫蛹的王台多由工蜂破坏。杀死后的王蛹由工蜂处理。工蜂先将王台的洞孔扩大，近成熟的王蛹被工蜂整个拉出来，而对王台中柔嫩的虫体多先刺破其体壁，吮吸其体液，然后在将剩余的虫体清除，并拆除王台壳。

处女王出台的初期，腹部略长，有点像产卵王。出台后不久，处女王就会到贮存蜜的巢房取食。在交尾前，处女王很少能够引起工蜂的注意，虽然有时几只工蜂会围绕在处女王周围，但很少饲喂它。处女王主要依赖胚后发育时期储藏在体内的蛋白质和其他营养物质达到性成熟。处女王出台 1～2 天后，其腹部收缩，体重逐日下降。初生重 210 毫克的处女王，出台后第六天体重下降到 166 毫克左右。处女王腹部收缩、体重下降，为巢外交尾飞行做准备。

（3）**蜂王交尾**　蜂王交尾是在巢外飞翔时进行的，交尾飞行的过程称为婚飞。蜜蜂以婚飞的形式在空中交尾，只有最强壮的雄蜂才有可能与蜂王完成交尾的过程，使得最佳遗传性状得到保留。这是蜜蜂种群对雄蜂严格选择的手段，对加强蜜蜂种群生存的适应具有十分重要的意义。

处女王在婚飞前，通常需要进行若干次的认巢飞行，熟悉蜂巢位置及其周围环境。中蜂处女王每次认巢飞行持续 1～23 分钟，平均 7.5 分钟。处女王也常在第一次飞行时就交尾。处女王认巢飞行最早从 2 日龄开始，多在 3～5 日龄。处女王交尾西蜂最早出现在 5 日龄，晚的可以到 13 日龄以后，大部分发生在 6～10 日龄，高峰期为 8～9 日龄；中蜂多为 6～8 日龄。处女王第一次婚飞的日龄与飞行次数的不同可能与外界气候环境相关。处女王重复交尾的次数，意蜂一般不超过 3 次，中蜂可多达 6 次。交尾次数不同的意蜂蜂王，在一年内其蜂群的采蜜量无明显差异。二氧化碳麻醉能够使蜂王婚飞延迟，并在限制其出巢的情况下，能够促使蜂王提早产下未受精的卵。

处女王交尾的日龄与其初生重有很大的关系。初生重越重首次婚飞的时间越早，产卵也越早。受气候条件和处女王本身生理缺陷的影响，20 日龄以上的处女王就不再婚飞了，并开始产卵，但产下的卵为未受精卵。在养蜂生产中，14 日龄以上还未正常交尾的处女王则应该被淘汰。

婚飞时，性成熟的处女王释放性外激素吸引雄蜂追逐。处女王对雄蜂的引诱力与其日龄相关。6 日龄的处女王在空中飞行开始对雄蜂产生引诱力；8～12 日龄的处女王对雄蜂的引诱力最强，以后随着处女王日龄的增大，对雄蜂引诱力逐渐减弱。

处女王婚飞多发生在每天下午 1～5 时，以下午 2～4 时更为常见。交尾活动几乎都发生在气温高于 20℃以上、无风或微风的时候。气候条件越好，空中飞翔的雄蜂越多，越有利于处女王交尾。

处女王常在第一次婚飞时就进行交尾，蜂王一次婚飞可以连续与多只雄蜂交尾。处女王在一次的婚飞中可以连续与 10 只以上的雄蜂交尾。如果在婚飞中蜂王受精不足，还可以在当天或数天内连续婚飞。中蜂处女王婚飞次数一般为 1～4 次，可多达 6 次。蜂王两次婚飞的时间间隔最短不到 10 分钟。如果在天气恶劣或者缺少雄蜂时，第一次和最后 1 次婚飞间隔时间可长达 24 天。但产卵后，蜂王终生不再交尾，交尾后的蜂王将上百万的精子贮存在受精囊中，供蜂王一生产卵受精使用。产卵后的蜂王，除非随同自然分蜂或蜂群迁居外，绝不轻易离开蜂巢。因此，如要对蜂王进行剪翅处理，应该在蜂王产卵后出现分蜂热之前进行。在不适宜的天气条件下交尾，蜂王仅接受少量的精液，产卵后通常提早交替。

一次婚飞后，中蜂蜂王输卵管中精子数量为 760 万～2 000 万个，平均为 1 265 万个。自然交尾后的蜂王受精囊中的精子数，中蜂为 115 万～368 万个，平均为 209 万个，印度蜜蜂平均为 265.5 万个，意蜂平均为 573 万个。

（4）蜂王产卵 蜂王婚飞结束以后，哺育蜂向蜂王提供大量的蜂王浆。随着蜂王卵巢的发育，蜂王体重大约每天以 10 毫克的速度增加。腹部逐渐膨大延长，行动日趋稳重。

蜂王通常在交尾后的 1～3 天开始产卵，最早开始产卵时间为交尾后的14小时，最迟可以在交尾后的6天才开始产卵。正常情况下，蜂王在每个巢房中只产1粒卵。如果蜂王产卵力旺盛，在巢房缺少时，有时会在同一巢房重复再产。这种条件一旦改变，不正常的现象就会消失。如果中间有的巢房还是空着的，蜂王却仍在一个巢房重复产卵，那么这只蜂王应该被淘汰。

蜂王在产每一粒卵前，都要在巢脾上爬动，随时把头部伸入巢房内察看，寻找适合产卵的空巢房。在察看巢房时，蜂王用它的一对前足探知巢房的尺寸和类型，并根据巢房的大小、类型分别产入不同的卵。在工蜂巢房和王台中产受精卵，在雄蜂巢房中产未受精卵。蜂王能在工蜂巢房中产下受精卵后的几秒钟内，又到雄蜂巢房中产下未受精卵，很少有差错。产卵时，蜂王腹部伸入巢房内，身体转动至头部向下到巢房下缘，开始产卵。西蜂的蜂王从把腹部伸入巢房开始，到腹部离开巢房，需要9～12秒钟。每产16～40粒卵后，休息10～15分钟，以便从环绕它周围的侍从蜂那里获得王浆。中蜂蜂王产卵，从探房开始到腹部离开巢房需要20～25秒钟，个别蜂王长达45秒钟。连续产卵15～20分钟后，休息15～20分钟。蜂王一次又一次地检查实际上已经产卵的巢房，在寻找产卵巢房上花费许多时间。为了加速蜂王产卵，应为蜂群提供有大面积空巢房的巢脾，减少蜂王产卵时移动的时间。

蜂王产卵一般都是从蜂巢中心开始的，这也是蜂巢中蜜蜂集中的地方。然后以螺旋顺序扩大，再以此扩展临近巢脾。在一张巢脾上，产卵范围呈椭圆形，养蜂学上称为产卵圈，简称卵圈。中央巢脾的卵圈最大，左、右巢脾依次稍小。若以整巢的产卵区而论，则常呈一椭圆形球体。从产卵圈的大小和产卵圈内的空巢房数量，可以反映出蜂王产卵力及蜂王的质量。

蜂王产卵量受多种因素的影响，主要与品种、亲代性能、个体生理条件、蜂群内部状况及环境条件等密切相关。同一蜂王产卵力的变化，主要取决于食物与营养的摄入。蜂王食物的供应，又决定于蜂群群势、蜜粉源以及气候条件等。因此，处于不同群势、不同蜜粉源、不同季节的条件下，蜂王的产卵力常随之发生变化。酷暑、严冬或食物缺乏，蜂王停止产卵，这是蜜蜂适应环境的表现。

（5）蜂王战斗　蜂王具有产卵器特化而成的螯针，但略弯曲，并不螫人，只在与其他蜂王格斗时，或破坏王台时才使用。

除了自然交替外，蜂王不能容忍蜂群内有其他蜂王存在。只要两只蜂王相遇必然斗杀，直到其中一只蜂王被杀死为止。蜂王相互斗杀致死的原因主要有：一是蜂王的螯针刺入另一只蜂王体内，排出毒液将其杀死；二是断杀至重伤而死。前者蜂王翅足微微颤抖，很快死亡；后者蜂王，数小时后才死亡。因此，正常蜂群内只有一只蜂王，蜂王间斗杀，都极力避免腹部对腹部的厮杀。避免蜂王在斗杀中同时死亡。一般认为，蜂王斗杀时，工蜂不参战，而是作为旁观者。蜂王斗杀的结果，多是处女王胜产卵王，体壮者胜体弱者，年轻者胜年老者。

3. 雄蜂的生活　雄蜂多出现在晚春和夏季，消失于秋末，数目自数百到上千只不等。虽然与蜂王交尾的雄蜂十分有限，但众多雄蜂仍是保证处女王顺利完成交尾的重要条件。

雄蜂具有发达的生殖器官，有发达的复眼、嗅觉器等感觉器官和翅，以便在空中追逐处女王；另一方面，它不具有采集花蜜和花粉的构造，也不具有蜡腺、咽下腺和臭腺，不能承担巢内的工作。

在繁殖的季节，一个蜂群可能培育几千只雄蜂。因为培育 1 只雄蜂，要花费相当于培育 3 只工蜂的饲料，并且雄蜂不承担蜂群的工作，所以养蜂的传统观点认为，生产群在生殖过程中应该采取措施限制培育雄蜂；并根据雄蜂胚后发育的生物学特性，每隔 12～13 天割 1 次封盖雄蜂脾。近年来，我国一些学者对此提出了不同的看法，他们认为蜂群中的性别比有其自身的规律，适当的性别比对保持蜂群的生机和活力有着重要的意义。割雄蜂脾和不割雄蜂脾差异不显著。

雄蜂出房后开始认巢飞行，意蜂通常在7日龄以后，中蜂为4～5日龄。雄蜂初次飞行只在蜂场周围盘旋，5～8分钟后归巢。雄蜂在认巢飞行时，有12%的雄蜂认巢飞行后误入其他蜂群，并且从弱群误入强群的雄蜂比强群误入弱群的雄蜂多。

雄蜂的最佳交尾时间称为雄蜂青春期，意蜂一般在出房12～27天，中蜂为出房后10～25天。移虫育王需要考虑处女王与雄蜂青春期相适应，以便处女王可以正常交尾。在生产实践中，养蜂生产者见到雄蜂出房，再着手移虫育王。

雄蜂在认巢飞翔前只取少量的蜂蜜，而交尾飞行前却需要大量的蜂蜜。雄蜂飞行距离一般不超过3千米，飞行速度为9.2～16.1千米/小时。每次交尾飞行多为25～57分钟。在交尾飞行时，雄蜂有时被工蜂、其他昆虫、甚至小鸟吸引。

意蜂雄蜂通常在12时至下午4时出巢飞翔，中蜂稍晚1～2小时。雄蜂飞行时发出的声音很容易与其他极型蜜蜂区别。雄蜂出巢时间与处女王婚飞时间基本一致。雄蜂一生中，平均要做25次飞行，出巢飞行的雄蜂约有96%回巢。雄蜂每天出巢次数与天气状况有关，天气暖晴，1天可以出巢3～4次，每次飞行后回巢饱食蜂蜜后再次出游。而在多云的天气里，每天出巢次数减少，气温低于16℃时，雄蜂就不再出巢了。

在蜜粉资源充足的环境中，雄蜂寿命可以达到3～4个月，但通常在流蜜期过后，或新王已经开始产卵，工蜂便把雄蜂驱逐到边脾或箱底，甚至将其拖出巢外。大部分雄蜂不能活到它们应该有的寿命。清除在蜂群生产中无用的雄蜂，对蜜蜂群体的生存来说是必需的。

（六）相关生物学数据

1. 群势　正常情况下，蜂群的群势取决于蜂王的产卵力和工蜂的寿命。蜂群的理论群势可通过蜂王的日平均产卵量和工蜂在繁殖期的平均寿命推算。由于中蜂蜂王的日平均产卵为750粒，中蜂工蜂的平均寿命为35天，所以中蜂的理论群势为：

中蜂理论群势（只）=750 × 35=26 250（只）

而意蜂，由于意蜂蜂王的日平均产卵为1 500粒，意蜂工蜂的平均寿命为35天，所以意蜂的理论群势为：

意蜂理群群势（只）=1 500 × 35=52 500（只）

由此可见，中蜂的群势较小，只有意蜂的1/2左右。

2. 个体大小 蜜蜂个体大小如表1–2所示。蜂王初生重是衡量蜂王质量的重要指标之一。

表1–2 中蜂和意蜂三型蜂体长（单位：毫米）

型　别	中　蜂	意　蜂
蜂　王	13～16	16～17
工　蜂	10～13	12～13
雄　蜂	11～13	14～16

3. 体重 三型蜂的初生重如表1–3所示。

表1–3 中蜂和意蜂三型蜂体重（单位：毫克）

型　别	中　蜂		意　蜂	
	初　生	成　年	初　生	成　年
蜂　王	186	250	228	300
工　蜂	85	80	110	100

4. 巢房大小 中蜂三型蜂巢房比相应的意蜂巢房小，巢房大小如表1–4所示。

表 1–4　中蜂和意蜂三型蜂巢房大小

蜂　型	中　蜂		意　蜂	
	对边距（毫米）	深度（毫米）	对边距（毫米）	深度（毫米）
工　蜂	4.81～4.97	10.80～11.75	5.20～5.40	12.00（平均）
雄　蜂	5.25～5.75	11.25～12.70	6.25～7.00	15.00～16.00
蜂　王	Φ6.00～9.00	15.00～20.00	Φ8.00～10.00	20.00～25.00

5. 卵巢管数量　中蜂蜂王卵巢管数平均 226 条，意蜂蜂王卵巢管数平均为 350～400 条，蜂王卵巢管数的多少，是衡量一个蜂王产卵能力的主要依据。

6. 日均产卵量　中蜂蜂王平均 750 粒，最高 1 067 粒；意蜂蜂王平均 1 500 粒，最高 3 500 粒。蜂王产卵力强，蜂群就发展迅速，保持群势的能力就越强。

7. 蜂王交尾　中蜂蜂王性成熟期一般在出房后 3 天，西蜂为出房后 5 天；蜂王婚飞中蜂为出房后 6～8 天，西蜂为出房后 6～10 天；婚飞次数中蜂多达 6 次，西蜂一般不超过 3 次；婚飞时间一般为下午 1～4 时；雄蜂性成熟期中蜂为出房后 10～25 天，西蜂为出房后 12～27 天。了解以上基本数据对育王计划的安排具有重要意义。

二、中蜂群体生物学

（一）蜂群组成

在蜜粉丰富的季节，蜂群通常由一只蜂王、千百只雄蜂和数万只工蜂组成。在外界环境不利的条件下，如蜜粉资源稀少、天气寒冷或酷热时，蜂群中一般只有工蜂和蜂王，且工蜂数量也会减少。一群蜜蜂的个体数量称为群势，它是反映蜂群生殖力和生产力的主要标志。强群是优质高产的基础。群势会随气候和蜜粉源的改变而呈现有规律的变化。

影响蜜蜂群势的主要因素是蜂王产卵力、蜂群哺育能力、工蜂寿命和蜂群的分蜂性。蜂王产卵能力强、工蜂寿命长、蜂群分蜂性弱，则能保持较强的群势。至于影响蜂王产卵力、工蜂寿命和蜂群分蜂性的因素比较复杂，其中与蜂种特性和气候、地理、蜜粉源环境等因素有关。一般来说，西蜂所能保持的群势比东蜂大；西蜂中欧洲亚种比非洲亚种群势强，东蜂亚种内中蜂群势比印度蜜蜂强；我国北方中蜂群势比南方中蜂群势强。

动物高度社会化最突出的标志就是严密的社会分工。蜂群内蜂王和雄蜂专司生殖，此外一切蜂巢内外工作均由工蜂承担。蜜蜂个体间的合作和相互依赖，保持着蜜蜂群体在自然界中长期生存和种群繁荣。

蜂王在蜂群中的主要职能是生殖产卵和维持蜂群稳定。在蜂群中，蜂王专司产卵，此外不再从事其他任何工作，甚至取食都需要工蜂饲喂。蜂王是蜂群中唯一具有正常产卵能力的个体。蜂王产卵力强，蜂群中工蜂个体数量多，在蜜粉源较丰富的季节，正常的产卵蜂王能够根据巢房的类型和大小，有选择地产下受精卵和未受精卵。正常的蜜蜂二倍体受精卵发育成为雌性蜂，单倍体的未受精卵发育成雄蜂。

此外，蜂王还可以通过释放信息素来维持蜂群的安定和正常的活动。蜂王信息素的传递是靠工蜂在蜂王体上舔舐和工蜂间相互交换食物完成的。如果蜂王老弱病残，巢内蜂王物质缺乏，蜂群便会筑造台基，培育新王；如果因群势过强而造成巢内蜂王物质相对不足，则蜂群筑造分蜂台基；如果蜂王从蜂群中消失，蜂群内无蜂王物质，蜂群则会呈现出工蜂慌乱，减少采集粉蜜和筑造巢脾，并在工蜂小幼虫巢房改造王台；失王长久，工蜂卵巢会高度发育并导致产卵。蜂王对蜂群的生存和发展影响巨大。

工蜂在蜂群中主要承担哺育、饲喂、清理巢房、筑巢、守卫、采集、酿造、通风、调节巢内温湿度、照顾蜂王等全部的巢内外工作，是蜂群的生产力。工蜂在蜂群中的分工和行为，主要由蜂体发育、遗传因素和环境因素等综合决定。

雄蜂在蜂群中的主要职能就是与处女王交尾。此外，雄蜂不承担蜂群的任何工作。

（二）蜜蜂的信息交流

蜜蜂是一种高度社会化的昆虫，社会昆虫各成员间行为活动的协调与其信息交流密切相关。蜜蜂信息交流的方式主要为“舞蹈语言”和外激素。

1. 蜜蜂的舞蹈　蜜蜂的舞蹈语言称为蜂舞，是工蜂以一种特定方式摆动身体来表达某种信息的行为。最典型的蜂舞为圆舞、摆尾舞及二者之间过渡的新月舞（图 1–10），此外还有呼呼舞、报警舞、清洁舞和按摩舞等。

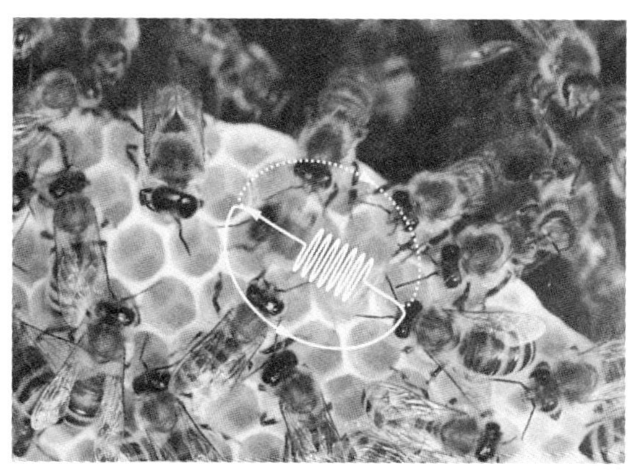

图 1–10　蜜蜂的摆尾舞（摘自《蜜蜂的神奇世界》）

（1）采集信息传递　在蜂群中不是所有的蜜蜂都去寻找蜜粉源，出巢寻找蜜粉源的蜜蜂只是蜂群中极少的一部分，我们称之为侦查蜂。侦查蜂在野外发现有采集价值的蜜粉源后，飞回巢内，在垂直的巢脾表面用舞蹈的方式，将蜜源信息告知同巢蜜蜂。

①采集信息的表达形式　随着蜜源与蜂巢距离由远及近变化，蜂舞由圆舞经新月舞到摆尾舞。在舞蹈过程中，有一部分蜜蜂会跟随在舞蹈蜂后，用触角触摸舞蹈蜂，侦查蜂在舞蹈的过程中有时会停下来，将蜜囊中采集回来的花蜜吐出，分给跟随其后的蜜蜂品尝。随后，这些跟随舞蹈蜂的蜜蜂，就各自独立地飞向侦查蜂所指示的蜜源地。

圆舞：蜜蜂的圆舞是在巢脾上用短、快的步伐，在范围狭小的圆圈内爬行，经常改变方向，忽而转向左边绕圈，忽而转向右边绕圈。舞蹈持续时间数秒钟至 1 分钟，然后停止，又在巢脾的其他地方开始舞蹈。其他蜜蜂随着舞蹈蜂的移动，并用触角伸向并接近它。

摆尾舞：摆尾舞的舞蹈蜂在一边爬行一狭小的半圆后，急转弯呈直线向开始点爬去，再转向另一边爬另一个半圆。直行时伴随着腹部向两边摆动。蜜蜂在舞蹈中以 250 赫兹低频率发出连续短音，其音量可能与蜜粉源的距离有关。

新月舞：新月舞是圆舞向摆尾舞过渡的中间舞蹈。蜜粉源距离增加时，舞蹈蜂摆尾次数增多，同时新月形两端逐渐向彼此方接近，直至转变为摆尾舞。

②蜂舞信息表达　蜜蜂的蜂舞能够准确地反映蜜源的方向、距离、种类、质量和数量。侦查蜂用不同的舞姿来表达蜜源的距离。圆舞不表达方向和距离，只表明蜜源就在蜂巢附近；蜜源距离蜂巢稍远，侦查蜂就跳一种新月舞；如果蜜源距离蜂巢较远，侦查蜂的舞蹈就改为摆尾舞。

不同蜂种对蜜源距离的表达有所不同，西蜂 10 米范围内为圆舞，10～100 米为新月舞，超过 100 米为摆尾舞；东蜂 2 米内为圆舞，2～5 米为新月舞，超过 5 米为摆尾舞。摆尾舞表达蜜源的距离是通过单位时间内蜜蜂舞蹈调头摆腹前进的次数来表达的。

蜜源方向则是由摆尾前进的方向来表达。舞蹈蜂摆腹前进的方向与垂直向上的方向所成的角度，就是蜜源方向与太阳方向所形成的角度。新月舞只是蜜源的方向，是由新月形弯曲部分的中点和新月形两端连线的中点所形成的一条想象直线所指示。

蜜源种类信息通过两种途径传递：侦查蜂在采集过程中，身体绒毛吸附花朵上特有的气味及采蜜携带回巢的花蜜气味。

蜜源质量和数量信息，是通过侦查蜂的舞蹈积极程度来表达的，如果蜜源的花蜜浓度高、丰富、适口，侦查蜂回巢就会不同的舞蹈，鼓动更多的蜜蜂出巢采集。第一批被鼓动采集的蜜蜂回巢后，也会兴奋的舞蹈。最终就能使全巢的采集蜂都集中采集这种蜜源。

（2）蜜蜂其他舞蹈

①呼呼舞　蜜蜂的呼呼舞是蜂群表达分蜂信息的舞蹈，分蜂开始前，蜂群内少数寻找到新巢的蜜蜂，在巢脾上摆动腹部做“之”字穿行，同时振翅发声。因其舞蹈时，舞蹈蜂呼呼作响，故称之为呼呼舞。随着舞蹈的继续，越来越多的蜜蜂加入舞蹈，直至整个蜂群骚动起来。随即蜂群涌出，结成分蜂团。

②报警舞　蜜蜂的报警舞是传递中毒信息的舞蹈。采集蜂杀虫剂中毒或采集到有毒蜜源时，回到巢内后，会在巢脾上沿螺旋线或不规则“之”字快速跑动，同时腹部剧烈地左右颤动。报警舞能组织其他工蜂出巢采集。随着有毒花蜜在巢内扩散，参与舞蹈蜜蜂增多，促使分群采集工作停止。经过 2～3 小时后，蜂群的采集活动才恢复正常。

③清洁舞　清洁舞是蜜蜂表达请求帮助清洁的信息。蜂体上附着有灰尘、毛发等异物，感觉不适的时候，便进行清洁舞的一系列动作。蜜蜂舞蹈时，急速地踏动三对足，蜂体有节奏地左右摇摆和迅速上下移动，并用中足清理翅基。接受该信息的工蜂就会提供帮助，用触角触摸求助工蜂，用上颚进行触摸。此时，舞蹈蜂的舞蹈结束，安静地接受帮助。

④按摩舞　蜜蜂的按摩舞是帮助有问题工蜂恢复的行为。出现问题的工蜂在巢脾上把头部垂下，旁边的工蜂用触角和上颚进行触摸，拉扯中足和后足，并清理触角。按摩舞多发生于夏、秋季节，早春将受冻的蜜蜂放在巢门前时，也会出现按摩舞行为。

2. 蜜蜂信息素　蜜蜂信息素是蜜蜂分泌到体外的化学物质，通过个体间的相互接触、食物传递或空气传播，作用于其他个体，能够引起特定的行为和生理反应。信息素对蜂群主要有两方面的作用：一是通过内分泌系统控制其生理反应，如工蜂的卵巢发育和王浆的分泌；二是通过刺激神经中枢直接引起蜜蜂的行为，如改造王台、攻击行为等。蜜蜂的信息素多由数种化合物组成，也可以是单一的化学物质。信息素是蜂群个体间相互联系、信息传递的重要方式。

蜜蜂释放信息素可以分为主动和被动两种形式。主动释放信息素是无条件的，只要机体产生信息素的器官功能正常，就会不间断地释放，如蜂王信息素；被动释放则是需要条件的，只有接受了某种刺激以后才会释放，如臭腺信息素和报警信息素。

（1）蜂王信息素　蜂王的主要信息素有蜂王上颚腺信息素和背板腺信息素，此外还有附节腺信息素、科氏腺信息素、直肠腺信息素等。蜂王信息素在蜂群群体的生命活动方面起着十分重要的影响。

①蜂王上颚腺信息素　蜂王上颚腺信息素又称为蜂王物质，是最主要的蜂王信息素，由蜂王上颚腺分泌，主要由3种不饱和脂肪酸和2种带苯环的芳香化合物组成。

蜂王上颚腺信息素的主要作用包括：抑制工蜂卵巢发育、抑制蜂群筑造王台、吸引工蜂团聚、控制分蜂及性诱导剂。

②蜂王背板腺信息素　蜂王背板信息素与蜂王上颚腺信息素具有相互协同的作用，同样具有吸引哺育蜂在蜂王周围形成侍卫圈、抑制工蜂卵巢发育、抑制筑造王台、吸引雄蜂的作用，主要化学成分为癸基酸酯和较长链的癸酸酯。

③蜂王附节腺信息素　蜂王附节腺信息素是表达蜂王存在的信息素。蜂王在巢脾上爬行时，其附节腺的油状分泌物会留在巢脾表面，使得工蜂感知蜂王的存在。在拥挤的蜂巢内，蜂王爬过并留下蜂王附节信息素的巢脾边缘，工蜂将不在此筑造王台。

④蜂王直肠腺信息素　蜂王直肠腺信息素为1～14日龄处女蜂王所特有的，表达驱避信息。

（2）**工蜂信息素**　工蜂和蜂王在蜂群中承担着不同的职能，其信息素的化学成分和功能均有很大的不同。信息素的分泌器官有些为工蜂所特有的，如臭腺；有些分泌器官则相同，如上颚腺和附节腺，但信息素的成分和功能与蜂王不同。

①引导信息素　工蜂引导信息素由臭腺所分泌，对蜜蜂具有强烈的吸引力。在分泌引导外激素时，工蜂腹部上翘露出臭腺，振动翅膀扇风，以助臭腺分泌物挥发扩散。臭腺蜜蜂的外激素以气味信号招引同伴和标记引导。自然分蜂的分出群到达新的蜂巢时，或新蜂认巢飞翔时，或认为在巢前抖蜂时，在巢门前均有出现大量的工蜂翘腹振翅，发出臭腺气味以招引蜜蜂归巢。侦查蜂在巢内以舞蹈的形式传递蜜源信息后，在采集地点释放臭腺气味以作为采集地的标记；自然分蜂过程中，在结团地点蜜蜂释放臭腺气体以招引蜜蜂聚集接团；处女王交尾时，工蜂在巢门前举腹发臭，引导处女王出巢交尾；处女王出巢后工蜂在巢门口继续举腹振翅，以吸引交尾后的蜂王顺利回巢。

引导信息素的化学成分复杂，主要是萜烯衍生物。

②示踪信息素　示踪信息素是由工蜂附节腺分泌释放的，主要起到标记和指示作用。

③报警信息素　报警信息素分别来源于口器和螫针两个器官，主要是蜜蜂受到侵扰时释放的化学物质。其他的蜜蜂受螫针报警信息素的刺激后，会立即产生警觉和攻击行为。蜜蜂螫针后，将螫针连同毒囊等留在敌体，报警信息素起到标记的作用。

（三）蜂群的生长与生殖

蜂群的生长是指蜂群中工蜂数量的增加过程，是蜜蜂个体繁殖的结果；而蜂群的生殖是指蜂群数量增加的过程，是蜂群群体生殖的结果。蜂群的生长与生殖是紧密联系的两个不同概念，蜂群生长是蜂群生殖的基础，在蜂群生长到一定阶段，就会产生雄蜂和王台，为蜂群的生殖提供必要的准备。蜂群的生殖是蜂群生长的必然结果，只要外界气候和蜜粉源条件允许，强群就会发生分蜂实现蜂群生殖。

1. 蜂群生长　在养蜂生产中，蜂群生长的速度关系到养蜂的成败和效益，因此蜂群快速生长成为养蜂关键技术之一。提供蜂群快速生长的有利条件，克服影响蜂群快速增长不利因素，是养殖阶段蜂群管理的主要任务。蜂群生长需要具备产卵力强的优质蜂王，具有巢温调节能力和哺育能力强的蜂群和充足的蜜粉饲料等条件。影响蜂群快速生长的主要因素有蜂王产卵力的高低、外界蜜粉源是否充足、巢内粉蜜饲料贮备是否充足、巢温是否适宜、工蜂哺育能力高低是否发生分蜂热、盗蜂、病虫害等。

2. 蜂群生殖　蜂群生殖主要有两种形式，即自然分蜂和人工分蜂。虽然这两种形式的结果都是使蜂群数量增加，但是二者之间有着本质的不同。

（1）自然分蜂　自然分蜂是蜜蜂群体自然生殖的唯一方式，是蜂群重要的群体活动。蜂群生殖的准备过程是蜂群生长阶段中实现，先后经历培育雄蜂、造台基、培育分蜂王等过程，并出现限制蜂王产卵、工蜂怠工等分蜂热现象，最终原蜂王与一半以上的工蜂飞离原巢另择新居，开始新的蜂群生活；留在原巢的蜜蜂精心料理王台，处女王出台后破坏其他王台、甚至与同时出台的处女王斗杀、交尾、产卵使蜂群重新开始正常生活。

（2）人工分蜂　人工分蜂是人为使蜂群数量增加的养蜂技术措施，可将一群蜜蜂分为 2 群或多群，也可以从多群蜜蜂中抽出部分子脾和工蜂另组一群。人工分蜂的蜂群主要可以分为两种状态，即有产卵王和无产卵王。人工分群的原群多有产卵王。单群平分的新分群其中一群为有产卵王的蜂群。有产卵王的原群和新分群除了群势下降外，仍是正常蜂群，蜂王产卵力正常发挥，巢内卵虫蛹比例合理，蜂群将正常生长。

没有产卵王的新分群如果诱入的是王台，一般处女王出台、交尾至正常产卵需要 12～15 天。新分群的王蜂指数在原封盖子全出房后呈现增大的趋势，新王产卵 20～21 天后，王蜂指数开始下降。新分群的蜂子比例开始随着新蜂出房逐渐增大，新王正常产卵后，蜂子比例逐渐降低至正常。

（四）蜂群的群体活动

蜜蜂是典型的社会性昆虫，在遗传因子和化学、物理等因素作用下，个体间的行为相互协调，使蜂群高效进行群体生殖、食物采集和贮存、营巢、防御等群体活动。

1. 自然分蜂　自然分蜂是蜜蜂群体生殖的过程。在外界蜜粉源丰富、气候适宜、蜂群群体强盛的条件下，原蜂群一半以上的工蜂，以及部分雄蜂飞离原巢，另择新居的群体活动，称为自然分蜂。自然分蜂对蜜蜂种群的繁荣意义重大。分蜂活动可以使蜜蜂种群数量增加，并扩大分布区域，但对养蜂生产则影响很大。在分蜂的准备时期，蜂群呈现怠工现象，减少采集、造脾和育虫、控制蜂王产卵。蜂群的这种怠工状态被称为分蜂热。由于分蜂发生将使原群的群势损失一半以上，所以，控制分蜂热形成是蜜蜂饲养管理中的关键技术之一。

（1）自然分蜂前准备　蜜蜂自然分蜂前的准备包括造雄蜂房、培育雄蜂、营造台基、蜂王在台基产卵、培育蜂王等过程。蜂巢内出现分蜂台基后，工蜂逼迫蜂王在台基中产卵，并开始减少蜂王的哺育，使蜂王的腹部收缩，蜂王产卵逐渐减少。分蜂王台封盖前后，工蜂停止对蜂王供应王浆，蜂王腹部进一步收缩，以适应分蜂时飞行的需要；工蜂减少出勤，停止造脾，许多工蜂聚集在巢内的空处和巢脾的上角。若工蜂在巢门前大量聚集，呈蜂胡子状，分蜂即将发生。

（2）**自然分蜂**　蜜蜂的自然分蜂多发生在晴暖天气的 7 时至下午 4 时，最多发生在 11 时至下午 3 时，阴雨天很少发生分蜂，天气闷热更容易导致分蜂。

自然分蜂当日上午，蜜蜂极少出巢采集，很多工蜂在蜂箱前壁外侧和巢门踏板前结团。分蜂前所有参加分蜂的工蜂，蜜囊中吸满蜂蜜。由于吸饱蜂蜜的工蜂，腹部弯曲不便，不能使用螫针，所以开始分蜂的工蜂性情温顺。分蜂开始时，巢外有少数工蜂在巢前低空飞绕，随后飞绕的蜜蜂逐渐增多；巢内部分蜜蜂开始跳呼呼舞，促使整个蜂群在巢内骚动起来。几分钟后，大量蜜蜂从巢门涌出，蜂王也随分蜂的工蜂出巢。参加分蜂的蜜蜂在附近选择树干或者其他有一定高度的附着物结团。当蜂王进入分蜂团后，飞绕的工蜂快速落到蜂团上。稳定结团后，蜂群下方中央，常内陷呈空洞，以便于透气。如果分蜂团中无蜂王，结团的工蜂将飞散，重新寻找有蜂王的蜂团集结，或散团飞回原巢。利用这一特性，可在分蜂阶段采取老蜂王剪翅措施，防止发生分蜂造成蜂群飞失。

离巢的蜂团常稳定在原地 2～3 小时，养蜂人应该抓住此机会收捕分蜂团，此后部分侦查蜂离团寻找新巢址，然后飞回蜂团舞蹈指示新蜂巢的位置，吸引更多的侦查蜂前去查看。当有足够多的工蜂舞蹈指示相同的位置后，蜂团散开，新分群飞向新巢。途中蜜蜂打圈呈集团向前飞行，高度为 3～5 米，速度与人慢跑差不多。自然分出的蜂群达到新巢时，侦查蜂先降落在新巢门前举腹扇风，招引蜜蜂入巢。进巢后蜜蜂便开始在巢内结团造脾和出巢进行认巢飞行和采集粉蜜，守卫蜂也会在巢门前设岗。哺育

蜂开始积极饲喂蜂王，蜂王的卵巢重新发育，不久便大量产卵。蜂群的生活很快恢复正常。

促使蜂群分蜂的因素主要有环境因素、蜂群因素和季节因素。丰富的蜜源条件为蜂群群势发展和分蜂后的蜂群生存提供了物质条件；蜂群强盛是分蜂的前提；此外，分蜂热的程度也与季节有关。

2. 营巢　蜜蜂营巢是其典型的群体活动之一。蜜蜂营巢首先需要选择良好的蜜源和小气候环境，然后再选择适宜营巢的场所，如洞穴、岩壁、树干、草茎等。蜂巢是蜂群育子、贮存粉蜜饲料和蜜蜂在巢内活动的场所。

蜜蜂对营巢地点的选择是十分严格的，要求蜜源丰富、小气候适宜、目标显著、飞行路线通畅。因此，野生蜂群常穴居在周围有一定蜜粉源的南向山麓或山腰中，能避免日晒、防风雨、冬暖夏凉，且能躲避敌害侵扰的地方。孤岩和独树是它们最喜欢营巢的目标。在茂密的树林中，因环境闭塞，蜜蜂一般不来投居。不同的蜜蜂，其营巢场所不同。东蜂、西蜂、沙巴蜂等选择巢穴筑巢，大蜜蜂、黑大蜜蜂、小蜜蜂和黑小蜜蜂则露天筑巢。

蜜蜂巢房是构成巢脾的基本单位。蜂巢由单片或多片平行排列的巢脾构成，是蜜蜂蜂群繁衍生息和贮存食物的场所。巢脾纵向、垂直于地面，由蜜蜂分泌的蜂蜡筑造。巢房分为工蜂房、雄蜂房和王台，此外还有过渡型巢房和临时构造的台基。

工蜂房和雄蜂房均呈现尖底的六棱柱型，除了大蜜蜂和黑色大蜜蜂的雄蜂房和工蜂房大小无明显差异外，多数蜂种的雄蜂房比工蜂房大。巢房的正面为正六边形。巢房底由 3 个菱形面组成，每个菱形的钝角为 109° 28′，锐角为 70° 32′，两个菱形面的夹角为 120°，这种巢房结构在保证相同容积的前提下，是最节省材料的方式。东蜂雄蜂封盖巢房表面有气孔，而西蜂没有。在工蜂房和雄蜂房以及巢脾的边缘，有形状不规则的过渡型巢房，有的呈现四面体，有的为五面体，主要作用为加固巢脾、连接不同类型巢房和贮存蜜粉。工蜂房、雄蜂房及过渡巢房的房口均不同程度向上倾斜，其倾角为9°～14°。王台为蜂王卵、虫和蛹发育的场所，常位于巢脾的下缘或者边缘。分蜂王台和交替王台的台基呈现圆形杯状，台口向下，随着台内幼虫的生长，工蜂在台口堆筑蜂蜡，王台向下延长，直至将台口封盖。封盖王台外面有凹凸皱纹，形似带壳花生。改造王台在工蜂巢房的基础上改造而成，与前者相比，台基底部仍为六角形的工蜂巢房，王台略向外倾斜。王台大小与蜂种有关，中蜂和意蜂的王台内径分别为6～9毫米和8～10毫米。

3. 蜂群采集活动 蜂群的营养物质主要来源于采集外界花蜜、花粉、水、树脂和树胶等物质。采集蜂多为青壮年蜂和老龄蜂，只有在蜜蜂源丰富的季节，较低日龄的工蜂才会提前参加采集活动。花蜜采集的工蜂日龄段较长，最早参与采集可以提前到5日龄，最迟至死亡前。采集花粉的工蜂多为绒毛较多的壮年蜂。采水和树脂树胶的工蜂多为老龄蜂。在蜂群大量采集蜜粉前，均由少数的侦查蜂寻找蜜粉源后，在巢内用舞蹈形式将信息传递给同群的其他工蜂，并根据蜜粉源丰富程度，决定动员采集蜂的数量。这种蜂群的采集特性，有利于提高蜂群的采集效率。

采集蜂回巢后，通常将蜜囊中的花蜜传递给贮蜜蜂，然后再出巢继续采集。蜜蜂采蜜活动是由采蜜蜂和贮蜜蜂的比例调控的。采蜜蜂寻找贮蜜蜂时间过长，就会影响花蜜的传递效率，如果蜂群中贮蜜蜂数量多，采集蜂在20秒钟内很快将花蜜传出，就会积极舞蹈，刺激更多的蜜蜂去采集；采集蜂数量的增加，致使贮蜜蜂相对不足时，采蜜蜂的花蜜传递速度减慢，如果归巢后50秒钟还未将花蜜传递，采蜜蜂将不再舞蹈，而是腹部颤动，以吸引内勤蜂接受花蜜。

西蜂的蜂群采蜜蜂数量与蜜蜂群体飞行强度有关，巢内贮蜜

增加的最小飞行强度为14000只蜜蜂/小时，20000只蜜蜂/小时日产蜂蜜量为0.3千克；40000只蜜蜂/小时，日产蜂蜜约2.3千克；60000只蜜蜂/小时，日产蜂蜜约5.7千克。

中蜂采集花粉，在同一天内的不同时间段采集多种花粉，但在同一时间段内蜂群采粉具有专一性，利用该特性可以分段脱粉，提高花粉生产速度。

4. 迁居　迁居是指蜜蜂蜂群放弃原来的巢另寻新巢的群体活动，迁居多发生在原巢的环境不利蜂群生存时发生，所以养蜂生产中也称之为逃群。

迁居的主要原因有缺蜜、人为干扰、受病敌害侵扰。例如，被巢虫危害逼迫迁居的，南方山区常发生在秋季群势衰退，巢虫猖獗的时期；被胡蜂侵扰逼迁的，常发生在夏秋蜜源枯竭地区；被鼠类破坏的，常发生在寒冬或初春时期。

5. 盗蜂　蜂群盗蜂是指到其他蜂巢采蜜的工蜂。盗蜂多发生在外界蜜源缺乏或枯竭的季节，是蜜蜂种内竞争的重要形式。当蜂群的密度超过自然界所能承受的压力时，蜜蜂通过盗蜂的形式实现食物资源的再分配，保留强者、淘汰弱群和病群。所以，盗蜂对蜜蜂自然种群的强盛意义重大。因东蜂和西蜂在洞穴中筑巢，适宜蜜蜂筑巢的天然洞穴过度集中现象非常罕见，所以野外蜜蜂发生盗蜂现象较少。但是人工饲养的蜜蜂数十群甚至上百群的蜜蜂集中放置，远超过自然密度。如果管理不善，在蜜源不足时盗蜂问题会十分突出。

盗蜂对养蜂生产危害极大，发生盗蜂若不及时有效地处理，则会导致蜂群损失，严重时会使全场蜂群覆灭。盗蜂的危害包括：蜜蜂在巢门前厮杀，蜂场秩序混乱；使蜂群凶暴，警觉性提高，增加蜂群管理难度；被盗群有蜂王被围杀的可能；被盗群因贮蜜缺乏，造成蜂群损失（飞逃或整群死亡）；发生盗蜂不采取有力措施止盗，将会出现全场蜂群互盗现象，由于盗蜂过程中厮杀死亡、围杀蜂王、蜂群饿死或迁居、高强度盗抢活动使盗蜂加速老化等，最后导致全场蜂群灭亡。

6. 蜂巢守卫和防御 中蜂巢门守卫一般为 15～25 日龄蜂，守卫蜂在巢门前，用触角检查进巢蜜蜂。如果发现群味不同的工蜂，守卫蜂会释放报警信息素，其他守卫蜂接受报警信息后立即围过来，若发现外来蜂抵抗，便引起厮杀。

小型胡蜂来犯时，守卫蜂数量增加到 10～20 只，在巢门前排列成行，一起摇摆腹部，并发出恐吓声。如果体型较大的胡蜂进攻蜂巢，守卫蜂将退入巢门内，大胡蜂进入蜂巢后，巢门内的工蜂冲上去与其厮杀，同时释放报警激素，招引更多的工蜂加入搏斗。中蜂抵抗胡蜂的能力比西蜂要强很多。

7. 无王群活动 无王群是失去蜂王的非正常蜂群。造成蜂王丢失的主要原因可能是盗蜂和管理操作不当，如果造成围王或机械损伤。蜂群失去蜂王后，群体行为发生一系列的变化，如骚动不安、工蜂振翅、蜂群变凶、减少采集、造脾缓慢或停止、改造王台、工蜂产卵等。中蜂失王后 24 小时内将巢脾下缘工蜂小幼虫的巢房改造成为王台，改造王台的数量多为 10～15 个。出现改造王台后蜂群活动仍然正常。处女王出台后，蜂群的采集活动增强。改造培育的蜂王体型较小，交尾后产卵能力低，几个月后就被替换。如果无王群的处女王丢失，群内无工蜂小幼虫改造，工蜂体色变黑，2～3 天后就开始产卵。工蜂产卵多分散，一房多卵，且多产在巢房的侧壁。工蜂产卵后不接受诱入的王台，但短期内可以接受诱入的处女王。工蜂产卵 20 天后，蜂群对处女王也拒绝接受。无王群不仅采集能力下降、减少造脾，还容易受盗蜂的攻击，增加管理难度，甚至导致蜂群灭亡。因此，无王群应该及时处理，或诱入蜂王、成熟王台，或进行蜂群合并。

西蜂失王后也会出现工蜂产卵现象，意蜂、欧洲黑蜂等欧洲主要亚种工蜂产卵比中蜂推迟 10 天左右，埃及蜂、东非蜂、海角蜂等非洲亚种工蜂产卵时间与中蜂接近。

三、中蜂的特点及优势

（一）中蜂的特点

中蜂属于东蜂，是我国土生土长的蜂种。除了新疆和西藏部分地区外，几乎分布在我国各省、自治区、直辖市。目前，我国中蜂饲养量近 400 万群，约占全国养蜂总量的 1/3。中蜂是我国优良的地方品种资源，对周围环境具有很好的适应性，是我国特定的地理环境和气候条件下逐步繁衍进化而成的蜂种资源，具有以下特点：

1. 中蜂飞行敏捷，能躲避胡蜂等敌害　胡蜂是中蜂主要的敌害之一，但中蜂飞行灵活敏捷，胡蜂很难在飞行途中捕捉到中蜂，所以胡蜂经常在巢门口捕食中蜂。中蜂进出巢门迅速，在巢门口停留的时间很短，大大减轻了胡蜂的危害。我国南方山区胡蜂较多，特别是炎热的夏、秋季节胡蜂猖獗。中蜂在清晨和黄昏有突击采集的特殊习惯，也可以大大减少胡蜂及其他敌害的危害。小型胡蜂在巢门口侵袭时，守卫蜂迅速增加，几十只中蜂在巢门板上排一行，一起摇摆腹部、振翅发出“唰”“唰”声，以恐吓胡蜂；大型胡蜂侵犯时，守卫蜂退缩到巢门内，不让来犯者进入巢门。如果胡蜂进入巢门，巢门附近的青年蜂立刻与其厮杀，包裹成团，使胡蜂无法逃脱，最后将胡蜂闷死。中蜂这种防御胡蜂的能力远远超过西蜂。

2. 中蜂嗅觉灵敏　中蜂可以闻到低浓度的花蜜香味，有利于发现和采集零星蜜源。中蜂与意蜂不同，可采集浓度较低的花蜜。研究表明，当花蜜含糖浓度为 30%～40% 时，两者采蜜量差异不显著；当花蜜含糖浓度为 50%～70% 时，意蜂高于中蜂 9.28%；当花蜜含糖浓度低于 20% 时，中蜂采蜜量高于意蜂 9% 以上。这是中蜂能适应山区丘陵地区生存的重要因素，也是中蜂比较稳产的保证。

3. 中蜂耐寒和耐热能力强 中蜂与西蜂相比，每日早出晚归，所以采集时间更长。研究表明，当外界气温在14℃以下时，中蜂的采集力是西蜂的3倍。在相同的采集区域内，中蜂每天外出采集的时间要比西蜂多2～3小时。主要原因是中蜂能在较低的温度出巢采集，特别是寒冷季节，可以充分利用南方冬季蜜源。

4. 中蜂泌蜡能力强、造脾速度快 中蜂造脾快又整齐，这是它的一种特殊本能，是长期进化而成的一种特性。中蜂喜欢在新脾上产卵，爱啃老脾、旧脾。中蜂在自然界生存，为了防御巢虫危害，常常要咬掉旧脾再造新脾；为了避开不良环境进行迁飞、另营新居。因此，造就了中蜂多泌蜡、快造脾的特性。

5. 中蜂对某些病虫害具有特殊的抵抗力 中蜂不感染美洲幼虫腐臭病，能抵抗瓦螨和亮热厉螨。美洲幼虫腐臭病是一种顽固的传染性幼虫病害，蜂群发病后3～4天引起幼虫死亡，该病病原是幼虫芽胞杆菌，抗药性很强，一般很难根治，是一种严重危害西方蜜蜂蜂群的病害。中蜂幼虫不受此病感染，如果将已得美洲腐臭病的意蜂子脾插入中蜂群内，中蜂工蜂会将有病的意蜂幼虫清理，而不传染本群幼虫。中蜂抗美洲幼虫腐臭病的原因是幼虫体内的血淋巴蛋白酶不同于西蜂，具有抗美洲幼虫腐臭病基因。

蜂螨是中蜂的原始寄主，经长期互相抗争，已对中蜂没有明显危害。工蜂的蛹不被寄生，只有少数若螨寄生在雄蜂的封盖幼虫及蛹内，不造成危害。

6. 中蜂分蜂性强 中蜂一般只能维持1～3千克（约1.5万～3.5万只工蜂）的群势，达到这种群势后，就会产生分蜂热，开始分蜂。

7. 中蜂喜欢迁飞 中蜂在外界没有蜜源或巢内缺蜜、受病敌害威胁、环境吵闹、群内无子时特别容易弃巢迁居。

8. 中蜂抗逆性强 当缺蜜等环境条件不利时，中蜂蜂王可节制产卵，减少蜂群的食物消耗，增大对外界不良环境的抵抗能力。

9. 中蜂盗性强 中蜂嗅觉灵敏，容易察觉其他蜂箱散发出的蜜味，从而进入它群箱内盗取食料。中蜂常在蜜源缺乏的时候发生盗蜂，特别是在久雨初晴或蜜源末期发生，工蜂有强烈的采集欲，对蜜源十分敏感，蜂场上洒落的蜜汁、蜂场贮蜜等，都成了它们盗取的对象。

10. 中蜂不采树胶 中蜂不具采集蜂树胶的习性，营造巢脾、粘固框耳、填补箱缝隙都全部采用自身分泌的纯蜡，而不采集植物的芽苞、树皮或茎干伤口上的树胶来补充。因此，开箱提脾不黏手和巢框，方便管理，同时巢脾熔化提取的蜂蜡，不仅颜色洁白，而且熔点比较高，中蜂蜡的熔点为66℃，意蜂蜡的熔点为64℃。

11. 中蜂产卵力差 中蜂蜂王的日平均产卵量为750粒，而西方蜜蜂日产卵量为1 000～1 500粒，所以，中蜂群势较西蜂群势小、繁殖速度慢。

（二）中蜂的优势

1. 在自然生态系统中占有极其重要的地位 中蜂是我国自然生态体系不可或缺的珍贵物种，具有重要的生态价值，其主要作用是传花授粉。在演进过程中与本地植物相互适应、协同进化。植物花朵五彩斑斓的颜色、分泌的花蜜和香味引诱中蜂采集，为中蜂提供食物，而中蜂在采集食物的同时又反过来为植物授粉，实现了蜂与植物的协调进化。

中蜂对我国的生态平衡具有重要的作用，对我国植物授粉的广度和深度都远远超过西蜂。中蜂特别适合于山区植物授粉，我国有广阔的山区，植物种类繁多，但分布分散，零星开花，还有许多植物是在冬季或早春的低温季节开花。中蜂具有善于利用零星蜜源、耐低温等优良特性，是其他蜂种所不具备的，也是自然界留给人类的宝贵物种，对维持生态平衡具有十分重要的作用。如果中蜂减少或灭绝，会降低我国众多植物的授粉量，使它们无法受精结实，减少这些植物的种类和数量甚至灭绝，减少自然界植物物种多样性，从而造成其他生物种群减少。

2. 适应性和抗病能力强 中蜂是我国特有的优良地方蜂种。几千万年来，在中国大地上生息、繁衍和进化，发展成适应不同生态环境和气候条件的地理亚种。与西蜂相比较（如意蜂），中蜂的工蜂个体较小，在外出活动（如采集花蜜活动）过程中行动自如，能够有效地抵抗天敌胡蜂的攻击，并与周边环境中的胡蜂长期处于共存的平衡状态。而西蜂无论在全国任何地方，均不能抵抗胡蜂的攻击。螨虫是蜜蜂多发的虫害，不论中蜂还是意蜂都多发此病，但中蜂的工蜂可以自行消除螨患。中蜂在同一地点对疫病的抵抗能力强于西蜂（如意蜂等），一般情况很少有疫病发生。

3. 中蜂蜂种便宜且易获得 一箱西蜂价值几百上千元，还不一定能方便地买到，而中蜂在我国除西藏、新疆部分地区外各省都有野生分布，初学者和业余爱好者养殖得之容易。只要在清明至夏至这两个节气之间用木箱涂上蜂蜡或蜂蜜放在有中蜂活动的地方就可收捕到迁飞的中蜂群。因此，在山区有“养中蜂不愁种，只要勤做桶”之说。

4. 劳动强度低，适合山区定地饲养 中蜂由于震动会离脾，不适合大规模的长途转动，一般只定地或小转地饲养，因此需要的劳动强度不大。中蜂飞行灵活，不易被胡蜂、燕子、麻雀、蜻蜓等捕食，非常适合山区定地饲养。

5. 饲料消耗少、利用零星蜜源能力强 中蜂嗅觉灵敏、勤劳，能发现和利用零星蜜源，在没有大宗蜜源的情况下，意蜂需要人工补充饲喂才能维持蜂群的正常生活，而中蜂则可采集零星蜜源，保持巢内贮存丰富的蜜粉饲料，有利于蜂群正常繁殖。

6. 中蜂蜂蜜质优价高　人们越来越关注蜂产品的品质，特别喜欢生态良好、无任何污染的成熟蜂蜜。因此，中蜂蜜价格逐渐提高、市场销量也逐年增加。山区中蜂蜂蜜价格每 1 000 克一般为 100～200 元，蜂农养几十箱中蜂，每年能收入几万元，实现脱贫致富的奋斗目标。

第二章
养蜂用具

一、蜂　箱

蜂箱是养蜂中不可缺少的工具，初学养蜂者，可以自己制作，但有一定养殖经验且养殖规模大的蜂场，最好能购置标准化的蜂箱，以便整个蜂场蜂群的统一管理。

（一）制造蜂箱的基本要求

蜂箱是供蜜蜂生活、繁殖、栖息的处所，是饲养、管理蜂群和生产蜂产品的主要设备。因此，蜂箱的设计与制造必须符合蜜蜂的生物学特性和便于科学的饲养管理。

蜂箱的大小应适当。蜂箱的大小应当根据所饲养的蜂种在当地气候和蜜源条件下所能达到的最大群势来设计，使得蜂群在繁殖、贮存食料和栖息都有较宽裕的空间，不受人为或天气因素的限制。同时，蜜蜂育儿、造脾和酿造蜂蜜等都需要一定的温、湿度，蜜蜂通过蜂团集结或散开、扇风和采水降温等活动来维持所需的温、湿度，但这种调节温、湿度的能力是有限的，因此箱体的大小还要使蜜蜂有足够的调节箱内温、湿度的能力。蜂箱过小，不但会使蜜蜂的栖息和繁殖、食料贮备的空间受限，蜂群的发展也会受阻，而且箱内易出现拥挤现象，促使蜂群提早发生分蜂热乃至分蜂，影响养蜂生产。如果箱体过大，蜂群调节温、湿度的能力减弱，不能够有效地维持箱内的温、湿度，影响蜂群的正常生活，而且多余的空间还会给蜜蜂敌害寄生的机会，增加了蜂群防卫蜂巢的负担。此外，过大的箱体还会导致热量的散失和潮湿。

蜂箱的材料应能隔热和防雨。蜜蜂活动要求蜂箱具备一定的温度和湿度，尤其是温度。影响蜂巢温度的气候因子有风、雨、严寒和酷热等。一滴冰冷的水落在蜂团上，会破坏蜂团的整体结构，影响蜂团内部的温度；风的侵入也会使蜂团内部的温度骤然下降；严寒和酷热都会引起蜜蜂为维持蜂巢所需温度而消耗很大的体力和大量的食料。所以，蜂箱的设计和材料的选择都应考虑是否有利于减轻这些气候因子对蜂巢的影响，尽量减少蜜蜂不必要的体力和食料的消耗等。如蜂箱的箱盖要严密，不得浸水，要能反射强烈的阳光；箱盖与副盖之间要保持一定的间隔、隔绝外来的高温，在寒冬则可填充保温物阻止巢内热量向外传导；箱壁和箱底也要严密，雨水不能渗入箱内，其厚度要能隔热；整个箱体严密、冷风无法侵入；巢门要能随意调节，其大小应适于箱内通风，小至蜜蜂能控制巢内温度。

箱内应保持黑暗，但要兼顾通风。在黑暗的环境中营巢是蜜蜂的一个生物学特性，但蜜蜂的新陈代谢、调节温度和排湿等活动也需要箱内外空气的交流。所以，在设计蜂箱时既要考虑箱体内部避光，又要注意箱内通风。

（二）蜂箱结构

蜂箱由底箱、继箱、巢框、箱盖、纱副盖、木副盖、隔板、闸板和巢门板等部件构成，多用木料制作，如定地饲养，巢箱的四壁也可用土坯砌成。

使用较普遍的有从化式中蜂箱、高仄式中蜂箱、沅陵式中蜂箱、中一式中蜂箱、中笼式中蜂箱、中蜂十框蜂箱、FWF 式中蜂箱和 GN 式中蜂箱等。这些箱型的主要技术参数见表 2-1。

表 2–1　蜂箱的主要技术参数

蜂箱名称	巢框内径（毫米）		巢框单面有效面积（厘米²）	巢箱内径（毫米）			巢箱容积（厘米³）
	长	高		长	宽	高	
朗氏箱	426	206	877.5	464	370	214	41 374
中标式	400	220	880.0				
沅陵式	405	220	891.0	441	450	268	53 184
从化式	355	206	731.3				
中一式	385	220	847.0				
中笼式	385	206	793.1				
高仄式	245	300	735.0				
FWF 式	300	175	525.0	400	336	210	28 224
GN 式	290	133	385.2	370	330	158	16 684

二、巢　础

活框养蜂用人工巢础，巢础片用蜂蜡压制而成，使蜜蜂按照人工巢础筑造成巢脾。

（一）巢础的种类

巢础主要有蜡制巢础和塑料巢础两种，目前养蜂者主要使用的是蜡制巢础。蜡制巢础是用蜂蜡作为主要原料，经过巢础机压制而成，包括工蜂巢础和雄蜂巢础。使用巢础生产出来的巢脾整齐、坚固，有利于蜂群的饲养管理。

养蜂者所使用的巢础都是从专门生产巢础的厂家购买。

（二）使用巢础的注意事项

第一，巢础应该是由纯蜂蜡制成，如果巢础中矿蜡含量较高，蜜蜂是不会在上面泌蜡造脾的。但是我国生产的商品巢础都不是用纯蜂蜡来制造的，所以购买时一定要仔细挑选，选择那些含纯蜂蜡占70%以上的巢础。

第二，巢础的房眼必须按照工蜂房的大小标准来制成，中蜂巢础蜂房的宽度为4.61毫米，同时还必须保证整张巢脾平整，房眼一致，没有雄蜂房。

第三，巢础牢固性好，不易变形。

三、管理用具

（一）埋线器

是将巢框所穿的铁线埋于巢础里所用的工具（图2–1）。

（二）起刮刀

刀长19.8厘米，一端是平刀，另一端呈直角的弯刀，用于开启副盖，铲除箱内支脾、污物和蜡渣等（图2–2）。

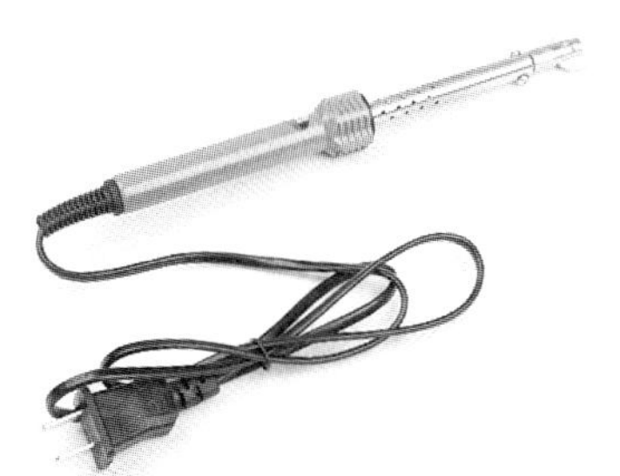

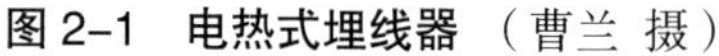
图2–1　电热式埋线器（曹兰 摄）

图2–2　起刮刀（曹兰 摄）

（三）面　网

套在草帽外，检查蜂群时用于保护头部不受蜂螯（图2–3）。

（四）隔 王 板

放在巢箱和继箱两箱当中，用于隔离蜂王上升。在采蜜群的蜂箱上再加继箱，可便于取蜜（图 2–4）。

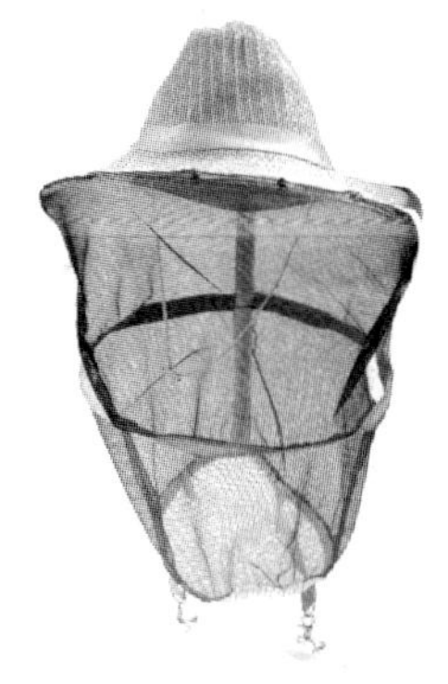

图 2–3　面网（任勤 摄）

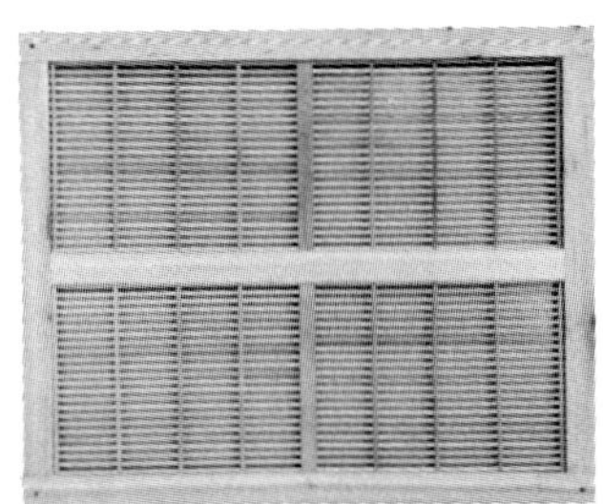

图 2–4　隔王板（程尚 摄）

（五）割 蜜 刀

用于割去蜜脾上的蜜房盖等（图 2–5）。

（六）蜂　刷

用马尾毛做成，用于扫落巢脾上附着的蜜蜂。刷毛须用白色毛，黑色毛容易激怒蜜蜂（图 2–6）。

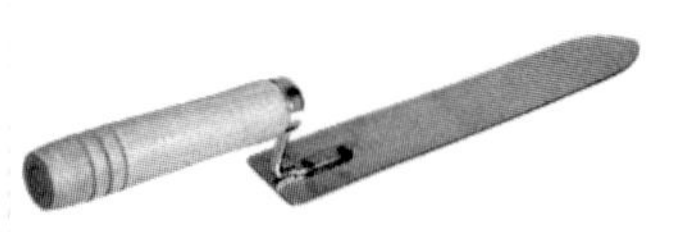

图 2–5　割蜜刀（姬聪慧 摄）

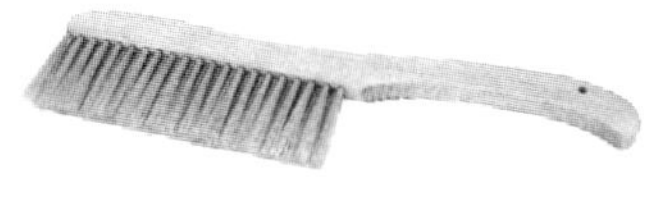

图 2–6　蜂刷（姬聪慧 摄）

（七）摇 蜜 机

用于分离蜂蜜。机身用不锈钢或木板做成圆桶，内设机架和框笼。取蜜时将削去蜜房盖的蜜脾放框笼内，转动摇蜜机的摇柄，蜜脾即迅速旋转，蜜汁受离心作用被旋出，再从桶底口流入接蜜器中（图 2–7）。

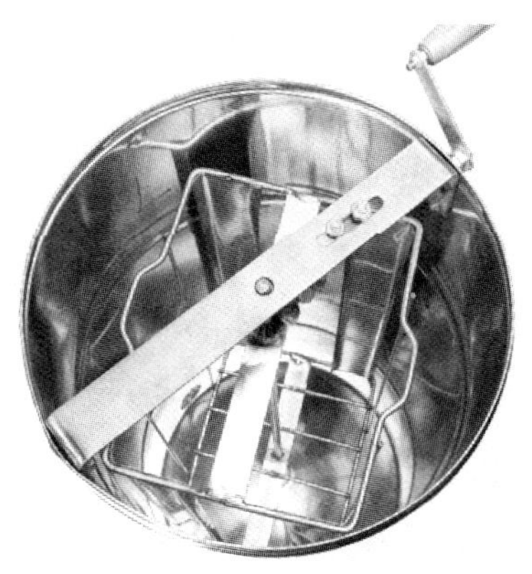

图 2–7　摇蜜机（罗文华 摄）

（八）育王用具

中蜂的育王器具一般有移虫针、育王框、蜡碗、囚王笼等。

第三章
饲养管理

一、蜂场建设

（一）放蜂场地的选择

在蜂场周围2～3千米范围内，要求蜜粉源植物面积大、数量多、长势好、粉蜜兼备，一年中要有2个以上的主要蜜源和较丰富的辅助蜜粉源（图3–1）。

蜂场要地势高燥、背风向阳、前面开阔、环境幽静、人畜干扰少、交通相对方便、具洁净水源和远离烟火、糖厂、蜜饯厂的

图3–1　放蜂场地（王瑞生 摄）

地方。避免选择在其他蜂场蜜蜂过境地（其他蜂场蜜蜂飞经的地方，因为“过境地”易引起盗蜂）。

凡是存在有毒蜜源植物或农药危害严重的地方，都不宜作为放蜂场地。

中蜂和意蜂一般不宜同场饲养，尤其在缺蜜季节，西蜂容易侵入中蜂群内盗蜜，致使中蜂缺蜜，严重时引起中蜂逃群。

（二）蜂群的排列

蜂群的排列与场地的大小和环境有关，原则上应考虑以下几个方面：

第一，蜂群的排列主要根据蜂群数量、场地大小、不同季节等采取不同的方式。但都以管理方便，蜜蜂易识别，流蜜期易合并，缺蜜期不起盗为原则。摆放宜疏不宜密，应依据地形、地物尽可能分散排列，各群前后左右保持在 3 米以上；如果场地宽敞，各箱的距离可以稍为疏散，使蜜蜂易于辨认；如果场地有限，也可较密排列，2～3 群为 1 组进行排列，组距 3～5 米，但各箱必须间隔一定距离，并留出人行道方便管理，同时可在蜂箱前壁涂以黄、蓝、白、青等不同颜色和设置不同图案，方便蜜蜂认巢（图 3–2）。

图 3–2　蜂群的摆放（罗文华 摄）

第二，蜂群摆放应背风向阳。箱门以朝南、向阳为好，特别是越冬期和早春繁殖期；其次是朝东南，再次是朝东，西北方贼风易侵入箱内则不宜。

第三，蜂群不应摆放在人群密集地、交通要道、高速公路、铁路和夜晚有强光源的地方。

第四，蜂群不应摆放在暴晒升温的水泥地和岩石坡上，宜摆放在草坪或泥地上，最好摆放在树荫下。

第五，蜂箱排列时，箱底用砖、木架或石块垫起，以离地30～40厘米为宜，以防蚂蚁、白蚁及蟾蜍等敌害。

第六，箱底左右保持水平，箱内巢脾平行垂直；前后要稍微倾斜，即后面比前面高20～35毫米，使雨水不能从巢门口流入，同时蜜蜂易于把箱内的脏物搬出，保持箱内清洁。

第七，箱门前面必须宽敞，不可面对墙壁或篱笆，使蜜蜂进出受阻。要及时清除箱前的杂草、秽臭的垃圾、粪便等污染物。但在缺蜜季节如果本群工蜂能找到巢门位置，可不清除杂草。

第八，蜂群的巢门方向应尽可能错开，让各个蜂群飞行路线错开。在山区可利用斜坡布置蜂群，使各蜂群的巢门方向、前后高低各不相同，甚为理想。同时，还应远离西蜂蜂场3千米以上。

第九，新交尾群需散放在离蜂场有一定距离，且有矮树等显著标记地方，巢门应错开，以免发生处女王婚飞迷巢现象。

二、检查蜂群

检查蜂群的目的就是掌握蜂群活动和蜂箱的内部情况，不同的季节，检查的目的不一样。一般来说，检查的项目有：蜂王存亡，子脾的健康状况，卵、虫、封盖子脾的数量及比例，雄蜂、工蜂数量，各龄蜂的比例，蜂脾关系，蜜蜂工作情况，巢内蜜、粉数量及病虫害等。

蜂群检查的方法有：全面检查、局部检查和箱外观察。

（一）全面检查

全面检查就是对蜂群逐脾进行仔细全面的检查，以便掌握蜂群内部的全部情况，并制订有针对性的管理措施。主要了解蜂王产卵情况，子脾数量，蜜粉贮量，蜂脾关系，病敌害情况；分蜂季节还需了解是否有自然王台和分蜂征兆；流蜜期必须掌握蜜、贮蜜及其成熟情况。

在进行全面或局部检查时都要开箱，开箱检查时须注意以下事项：

1. 开箱前准备工作

第一，检查蜂群前，准备起刮刀、蜂扫、蜂具等用具和记录本。

第二，为了避免蜂螯，要穿着浅色服装，戴上面网。

第三，春、秋季节气温较低时，扎上袖口和裤腿，防止蜜蜂钻入衣内。

第四，身上不要有浓烈的酒、蒜、葱、香水等刺激性气味。

2. 开箱方法

第一，从蜂箱侧面或后面走近蜂群，站在蜂群侧面，背向阳光，以便观察，切勿站在巢门前，影响蜜蜂进出。有风时，应背对风。

第二，取下箱盖，翻转放在箱后的地面上，用起刮刀轻轻撬动副盖，稍等片刻取下副盖和盖布，翻过来搭在蜂箱巢门前的底板上。

第三，把隔板向外推开或提到箱外，用起刮刀依次插入两框之间靠近框耳（巢框的握手）处，轻轻撬动，使粘连的巢脾松动，即可提出巢脾查看，如果箱内放满了巢脾，先提出第二个巢脾，临时靠在蜂箱旁边或放在一只空蜂箱内。提脾的方法是：双手紧握巢框两端的框耳，将巢脾垂直地提出，注意不要与相邻的巢脾和箱壁碰撞，以免挤伤蜜蜂引起蜜蜂激怒，使提出巢脾的一面对着视线，与眼睛保持约 30 厘米的距离。查看完一面需要看另一面时，先将巢框上梁垂直地竖起，以上梁为轴使巢脾向外转半个圈，然后再将提住框耳的双手放平，便可检查另一面。查看巢脾和翻转巢脾，使巢脾始终与地面保持垂直，防止巢脾里的稀蜜汁和花粉撒落（图 3–3）。

图 3–3　蜂群的提脾（王瑞生 摄）

检查时，巢脾应及时还回箱内，注意不要挤压蜜蜂。检查完后，应调整好巢脾，摆好蜂路，再盖好箱盖，并将检查结果记入表内（表 3–1）。

表 3–1　蜂群检查记录表

场址　　　　　　　　　　　　　　　　　　年　月　日

<table>
<tr><th rowspan="3">蜂群号</th><th rowspan="3">蜂王情况</th><th rowspan="3">蜂数（框）</th><th colspan="7">巢脾和巢础数（框）数</th><th rowspan="3">发现问题</th><th rowspan="3">工作事项</th><th rowspan="3">备注</th></tr>
<tr><th rowspan="2">共计</th><th colspan="2">子脾</th><th rowspan="2">蜜脾</th><th rowspan="2">粉脾</th><th rowspan="2">空脾</th><th rowspan="2">巢础框</th></tr>
<tr><th>卵、虫</th><th>蛹</th></tr>
<tr><td></td><td></td><td></td><td></td><td></td><td></td><td></td><td></td><td></td><td></td><td></td><td></td><td></td></tr>
<tr><td></td><td></td><td></td><td></td><td></td><td></td><td></td><td></td><td></td><td></td><td></td><td></td><td></td></tr>
</table>

管理人　　　　　　　　　　　　　　　　　　检查人

（二）局部检查

局部检查也称快速检查，就是从蜂群中提出一个或几个巢脾进行查看，这是中蜂饲养的最常用方法。只需要了解蜂群中某些情况时可采用此法。

由于不是逐脾检查，在检查前要有明确的目的性。提什么部位的脾，应事先考虑好，以便对需要了解的情况做出准确的判断，收到事半功倍的效果。对蜂群进行局部检查的主要内容和判断情况的依据如下：

1. 贮蜜多少　只需查看边脾上有无存蜜，或隔板内侧第三个巢脾的上角部位有无封盖蜜即可。若有蜜，就表示贮蜜充足；反之，说明贮蜜不足，需要饲喂。

2. 有无蜂王　蜂王常在蜂巢中部的巢脾上活动，应提中央的脾。若在提出的脾上未见蜂王，但巢房里有卵或小幼虫，说明该蜂王健在；若不见蜂王，又无各龄蜂子，却有工蜂在巢脾上或框顶上惊慌扇翅，这就意味着已失王；若发现巢脾上的卵分布极不整齐，一个巢房里有几粒卵，而且东倒西歪，这说明失王已久，蜂群内有了产卵工蜂；如蜂王和一房多卵现象并存，这说明蜂王已经衰老或存在生理缺陷。

3. 加脾或抽脾　蜂群是否需要加脾或者抽脾，主要看蜜蜂在巢内的分布密度和蜂王产卵力的高低，通常抽查隔板内侧的第二个巢脾，就可做出判断。若蜜蜂在该巢脾上的附着面积达八九成以上，蜂王的产卵圈已扩展到边缘巢房，且边脾是蜜脾，就需要及早加脾；若该巢脾上蜜蜂稀疏，巢房里不见卵子，则应适当抽脾，紧缩蜂巢。

4. 蜂子发育状况　检查蜂子发育状况，一是要查看蜂群对幼虫饲喂的好坏，二是要查看有无幼虫病。欲查明这些情况，应从蜂巢的偏中部位，提一两个巢脾进行观察。如果幼虫显得滋润、丰满、鲜亮，封盖子脾非常整齐，即发育正常；若幼虫长得干瘪，甚至变色、变形或出现异臭，整个子脾上的卵、虫、封盖子混杂，说明蜂子发育不良或患幼虫病。

（三）箱外观察

中蜂不宜经常开箱，平时多用箱外观察。检查的内容通常有以下几方面。

1. 箱内贮蜜多少 用手提起蜂箱，如感到沉重，则贮蜜足。反之，则有缺蜜的可能。如看到巢门前工蜂驱赶雄蜂或拖子现象，便证明蜂群已严重缺蜜。

2. 是否失王 在外界有蜜粉源的晴暖天气，如工蜂出入频繁，归巢时带回大量花粉，表示蜂王健在且产卵正常，如工蜂采集懈怠，无花粉带回，有的在巢门前来回爬行或轻轻扇翅，则有失王的嫌疑。

3. 判断群势强弱 在适宜于蜜蜂出巢活动的日子里，若巢门口熙熙攘攘，有许多蜜蜂同时出入，而到傍晚又有大量归巢的蜜蜂簇拥于巢门踏板上，这就是强群的标志。若巢门口显得冷冷清清，出入的蜜蜂明显少于其他蜂群，可推测为群势较弱。

4. 出现自然分蜂的预兆 如白天大部分蜂群出勤很好，而个别蜂群很少有蜜蜂飞出，却簇拥在巢门口前形成“蜂胡子”，即将发生自然分蜂的预兆。

5. 遭胡蜂袭击 夏、秋两季，如在蜂箱前方突然出现大量伤亡的青、壮年蜂，其中有的无头、有的残翅或断足，表明该蜂群遭受大胡蜂袭击。

6. 遭致盗蜂侵袭 当外界蜜源稀少时，如发现蜂群巢门前秩序紊乱，工蜂三三两两地厮杀在一起，地上出现不少腹部卷起的死蜂，就是遭致盗蜂袭击。有的弱群巢门前，虽不见工蜂抱团厮杀和死蜂的现象，但若发现出入的蜜蜂突然增多，进巢的蜜蜂腹部很小，而出巢的蜜蜂腹部膨胀，也可以认为是受了盗蜂的袭击。

7. 农药中毒 在晴暖无风的日子里，如突然有些工蜂在蜂场周围追螫人、畜，有的在空中做旋转飞翔或在地上翻滚，箱底和箱外出现大量伸吻、钩腹的死蜂，有些死蜂后足上还带有花粉团，便可以断定在蜂场附近的蜜粉植物喷洒了农药，致使采集蜂中毒死亡。

8. 蜂群患下痢病 在巢门前如发现有蜜蜂体色特别深暗，腹部膨大，飞翔困难，行动迟缓，并在蜂箱周围排泄出稀薄而恶臭的粪便，就是患下痢病的特征。

9. 蜂群在巢内感到拥挤、闷热 盛夏季节的傍晚，如部分蜜蜂不愿进巢，却在巢门周围聚集成堆，说明巢内已过于拥挤、闷热。

三、饲喂蜂群

蜂群在野生状况下，蜜蜂只能靠其本身在周围的自然环境中采集食物，完全处于自生自灭的状态。而人工管理的蜂群，却从根本上改变了这种状况，当它们从自然界采集到较多的蜂蜜，有了充足的贮备时，人们便可从中取其盈余。而当自然界提供的饲料来源不足，或气候条件不适宜时，人们又应该供养它们。养殖蜜蜂的主要目的是为了蜜蜂为植物特别是农作物授粉、取蜜和获得其他产品，而饲喂蜂群，正是为了达到这些目的所采取的一种手段。养殖蜜蜂必须遵循“该喂则喂，该取则取”的原则。蜂群主要饲喂蜂蜜（糖浆）、花粉、水和盐等营养物质。

（一）饲喂蜂蜜

1. 补助饲喂 对缺蜜蜂群喂以大量高浓度的蜂蜜或糖浆，使其能维持生活，即补助饲喂。大部分地区每年冬季都达 3 个月以上，这期间每群需消耗蜜 7～15 千克。若晚秋尚未采足越冬蜜，就必须在越冬期前抓紧进行补助饲喂，以保证安全越冬。

如在其他季节遇到较长的缺蜜期，而平均每脾贮蜜不足 0.5 千克时，也必须进行补助饲喂。补饲时，用成熟蜜 2～3 份或优质白糖 1 份，兑水 1 份，以文火化开，待放凉后，装入饲喂器或空脾内，于傍晚时喂给。每次每群 0.5～2 千克，连喂数次，直至补足为止，如连续 4 天未补足时须停 3 天再喂。对于弱群，用蜂蜜或糖浆饲喂，易引起盗蜂，须加入蜜脾予以补饲。若无准备好的蜜脾，可先补喂强群，然后再用强群的蜜脾补给弱群。

2. 奖励饲喂 蜂巢内贮蜜比较充足，为了刺激蜂王产卵和工蜂哺育幼虫的积极性，常用稀薄蜜水或糖浆饲喂蜂群，即奖励饲喂。在春季、秋季，为了迅速壮大群势或在人工育王时，都必须进行奖饲，应于主要流蜜期到来前 45 天，或外界出现粉源前的 1 周开始；秋季奖饲，应于培育适龄越冬阶段进行；人工育王时奖饲，应在组织好哺育群后就开始奖励饲喂，直到王台封盖为止。奖励饲喂时，用成熟蜜 2 份或白糖 1 份，加净水 1.2 份进行调制，每日每群喂给 0.5～1 千克。次数以不影响蜂王产卵为原则。

有时为了授粉或让蜜蜂采集不习惯采集的蜜源植物，也对蜂群奖励饲喂带授粉植物花香的蜂蜜或糖浆，只需在调制糖浆时加入用授粉植物花浸制的水即可。

饲喂用的蜂蜜和白糖，一定要质量优良，切勿用来路不明的蜂蜜，以防蜂病传染。红糖、散包糖、饴糖、甘露蜜等不能用作越冬饲料。

（二）饲喂花粉

花粉是蜜蜂蛋白质、脂肪的主要来源。哺育 1 只蜜蜂至少需要 120 毫克花粉，羽化后 15～18 日龄的蜜蜂都需要饲喂花粉；3～6 日龄时需花粉量极大。1 万只工蜂哺育期需 1.2～1.5 千克花粉；一个较强的蜂群，1 年消耗花粉 20～30 千克。蜂群缺乏花粉时，新出房的幼蜂其舌腺、脂肪体和其他器官发育不健全，蜂王产卵量就会减少，甚至停产；幼蜂发育不良，甚至不能羽化；成

年蜂也会早衰，泌蜡能力下降；蜂群的发展缓慢；因此，在蜂群繁殖期内，外界缺乏花粉时，必须及时补喂花粉或花粉代用品。

饲喂花粉最简便有效的方法，是将贮存的优质粉脾，喷上稀蜜水或糖浆，加入巢内供蜜蜂食用。若无贮备的粉脾，可用各种天然花粉盛于洁净的容器中，在花粉表面喷些蜜水或糖浆，然后放在蜂场适当的位置上，让蜜蜂自己去采集。因此，当粉源充足时，应在巢门安装脱粉器收集蜂粉团，干燥后妥善进行保管，当缺粉的季节，在按上述方法，补充饲喂给蜂群。

在周围蜂场较多或易发生盗蜂的时期，也可用蜜水或糖浆把花粉调制成糊状，放在蜂巢中央的框梁上供蜂食用。用蜂蜜把花粉调制成团状，直接抹在靠近蜂团的巢脾上或放在框梁上。

没有天然花粉，可采用蜜蜂花粉代用饲料进行饲喂。

（三）喂　水

水是蜜蜂维持生命活动不可缺少的物质，蜂体的各种新陈代谢都不能离开水，蜜蜂食物中养料的分解、吸收、运送及利用后剩下的废物排出体外，都需要依赖水的作用。此外，蜜蜂还用水来调节蜂巢内的温、湿度。蜂群繁殖期、早春时节、巢内有大量幼虫需要哺育时，一个中等群势的蜂群1天需要2000～2500毫升水；幼虫越多，需水量越大。在夏天，蜜蜂到箱外采水来降低蜂箱内的温度。但在越冬期间，需水量就大大降低。在低温条件下，蜜蜂还会保持由于代谢作用形成的一部分水。

在早春和晚秋的繁殖期，由于幼虫数量多，需水量大，这时外界气温又较低，会有大量采水蜂会被冻饿而死。如果在不清洁的地方采水，还会感染疾病。因此，早春和晚秋，应不间断地为蜂群提供干净饮水。

喂水的方法：在早春和晚秋采用巢门喂水，即每个蜂群巢门前放一个盛清水的小瓶，用一根纱条或脱脂棉条，一端放在水里，一端放在巢门内，使蜜蜂在巢门前即可饮水。平时应在蜂场上设置公共饮水器，如木盆、瓦盆、瓷盆之类的器具盛上干净饮水，或在地面上挖个坑，坑内铺一层塑料薄膜，然后装上干净饮水，在水面放些细枯枝、薄木片等物品供蜜蜂附在上面饮水，以免落水淹死。蜂群转地时，为了给蜜蜂喂水，可用空脾灌上清水，放在蜂巢外侧；在长途运输途中，可常用喷雾器向巢门喷水。干燥地区越冬的蜂群常因饲料蜜结晶，需要喂水。无论采取哪一种方法喂水，器具和水一定都要洁净。

在蜜蜂的生活中，还需要一定数量的矿物质，一般可从花粉和花蜜中获得，也可在喂水时加入少量食盐进行饲喂。

四、蜂群的合并

在养蜂生产中不仅要增加蜂群的数量，同时要提高蜂群的质量。遇到蜂群失王，又无蜂王及时补充，或者蜂群太弱，不利于生产的就应该及时合并。

合并蜂群有直接合并和间接合并两种方法。

（一）直接合并法

适合于大流蜜期蜂群的合并。操作方法是：将其中一群蜂逐渐移至另一群蜂的一侧，提出其中一群蜂的巢脾放入另一群蜂巢脾的另一侧（合并时，要捉去蜂王），中间间隔一定距离，或用保温板暂时隔开，但工蜂可以相互往来。过 1～2 天，两群的气味混合后，抽出保温板，将两群的巢脾靠拢即可。也可将蜜水、酒或香水洒入箱内，让两群气味混合，再行合并，较为安全。

（二）间接合并法

适用于非流蜜期的蜂群，或失王过久，或巢内老蜂多而子脾少的蜂群合并。合并时，先在一个蜂群的巢箱上加一铁纱副盖和一个继箱，然后把另一群的蜂王捉掉，连蜂带脾提到继箱内，盖好箱盖，1～2 天后，拿去铁纱副盖，将继箱上的巢脾提入箱内，撤去继箱即可。

注意事项：原则上应是弱群并入强群；无王群并入有王群；劣王群并入优王群。若两群都有蜂王，必须先将准备并入的蜂群的蜂王捉走，产生失王情绪后，再进行合并。合并蜂群应在傍晚进行，合并前应将两群逐渐移至靠近的位置。工蜂已产卵的失王群，应先补入 1～2 脾子脾，过几天后再行合并。合并时可先用蜂王诱入器将蜂王保护起来，合并成功后才放出。失王群应先将急造王台除去之后，才能进行合并。

中蜂的蜂群合并，除必须遵循上述原则外，应尽量采用间接合并法。

五、蜂王、王台的诱入

在养蜂生产中，经常涉及安全诱入蜂王和王台的问题。如组织新蜂群，淘汰老劣蜂王，蜂群意外失王，组织交尾群，人工授精或引进良种蜂王时，都需要诱入蜂王或王台。如处理不当，常发生工蜂围杀蜂王现象。诱入蜂王有直接诱入和间接诱入两种方法，也可采用王台直接诱入。

（一）直接诱入法

蜜源植物大流蜜季节，无王群对外来产卵王容易接受，可直接诱入蜂群。具体做法是：傍晚，给蜂王身上喷上少量蜜水，轻轻放在巢脾的蜂路间，让其自行爬上巢脾；或将交尾群内已交尾、产卵的蜂王，用直接合并蜂群的方法，连脾带蜂和蜂王直接合并入失王群内。

（二）间接诱入法

此法就是将诱入的蜂王暂时关进诱入器内，扣在有蜜处的巢脾上，经过一段时间再放出来，这样比较安全。

（三）王台的诱入

人工分蜂，组织交尾群或失王群，都可诱入成熟台，即人工育王的复式移虫后第十天，即将出房的王台。

诱入前，必须将蜂王捉走 0.5 天以上，产生失王情绪后，一天内再将成熟王台割下，用手指轻轻地压入巢脾的蜜粉圈与子圈交界处，王台的尖端应保持朝下的垂直状态，紧贴巢脾。诱入后，如工蜂接受，就会加以加固和保护。第二天，处女王从王台出房，经过交尾，产卵成功后，才算完成。

（四）注意事项

第一，更换老劣蜂王，要提前 0.5～1 天，将淘汰王从群内捉走，再诱入新王。

第二，无王群诱入蜂王前，要将巢内的急造王台全部毁除。

第三，强群诱入蜂王时，要先把蜂群迁离原址使部分老蜂从巢中分离出去后，再诱入蜂王，较为安全。

第四，缺乏蜜源时诱入蜂王，应提前 2～3 天用蜂蜜或糖浆喂蜂群。

第五，蜂王诱入后，不要频繁开箱，以免蜂王受惊而被围。

第六，如蜂王受围，应立即解救。

六、被围蜂王的解救

围王是指在异常情况下，蜂王被工蜂所包围，并形成一个小的蜂团，并伴以撕咬蜂王的现象。如解救不及时，蜂王就会受伤致残，甚至死亡。

围王现象在合并蜂群、诱入蜂王、蜂王交尾后错投它群或发生盗蜂时经常发生。主要由于蜂王散发的“蜂王物质”的气味与原群不同，工蜂不接受所引起的。

解救被围蜂王的办法是：向围王工蜂喷水、喷烟或将蜂团投入水中，使工蜂散开，救出蜂王。切不可用手或用棍去拨开蜂团，这样工蜂越围越紧，很快就会把蜂王咬死。

救出的蜂王，要仔细检查，如肢体完好，行动仍很矫健者，可放入蜂王诱入器，扣在蜂脾上，待完全被工蜂接受后再放出；如果肢体已经伤残，应立即淘汰。

七、蜂群的转移

由于养蜂生产的需要，常会移动蜂群。移动蜂群分为近距离移动和远距离移动。

（一）蜂群的近距离移动

由于管理需要而进行的蜂场内个别蜂群位置的调整。由于蜜蜂有很强的识别本群位置的能力，如果将蜂群移到它们飞翔范围内的任何一个新位置，外出采集蜂仍会飞回原蜂群的位置。因此，移动蜂群应采取有效的方法，才能使蜂群适应新的地址。

1. 逐渐迁移法　此法适用于少量蜂群在10～20米距离内迁移。前后移动，每次可移动1米左右，2天移动1次；左右移动，每次只能移动0.5米，每天移动1次。移动最好在每天的早晚进行。

2. 利用越冬期迁移法　适合于在较寒冷地区，当蜂群越冬结团，不外出飞翔，将蜂群移动到指定位置。如在春天飞出活动时移动，蜜蜂便会飞回原址。

3. 直接迁移法　一次将蜂群移到新址，打开全部通风装置，用干草或报纸将巢门堵住，让工蜂慢慢咬开，并在原址暂放几个弱群，收集飞回的老蜂。

4. 二次迁移法　先将蜂群迁离原场5千米以外的新址，过渡饲养15天后，再迁回原场，按要求布置。

（二）远距离迁移法

通常称为转地，蜂群转地前，必须对新场地的蜜源、气候、蜂群放置的地方，进行详细的调查。一般中蜂的转地运输不宜超过 1 天。热天运输时，蜂箱内应有 1/4～1/3 的空隙，满箱的蜂群，应该分为两个蜂箱运输。

不论采用什么运输工具，运输前 1 天，都要包装好蜂群。箱内每脾之间的蜂路可用蜂路条塞紧，或用木卡在巢脾两端卡紧，贴紧保温板，外侧用铁钉钉牢，箱盖和箱身之间也要绑牢，搬运时巢脾才不会移动、不会掉盖，傍晚蜜蜂回巢后关巢门，装车运输。

八、盗蜂的防止

串到别的蜂群内盗窃蜂蜜的飞翔蜂称为盗蜂。盗蜂是在外界蜜源缺乏或因管理不当引起蜜蜂的一种特殊采集活动。

盗蜂一般发生在相邻蜂群之间。有时两个相邻的蜂场，由于饲养的蜂种不同，或群势相差悬殊，也会发生一个蜂场的工蜂盗另一蜂场的蜂群贮蜜的盗蜂现象。在一个蜂场内，如果多数蜂群起盗，称为全场起盗。盗蜂首先攻击的蜂群是防卫能力差的弱群、病群、失王群和交尾群。

（一）盗蜂的危害

一旦发生盗蜂，轻则被盗群的贮蜜被盗空，重则大批工蜂斗杀死亡，蜂王遭围杀，从而导致全群毁灭。如果全场起盗，损失更加惨重。盗蜂也会传播疾病，引起疾病蔓延。因此，防止盗蜂，是蜂群管理中最重要的环节之一。

（二）盗蜂的识别

盗蜂多为老蜂，体表绒毛较少，油亮而呈黑色，飞翔时躲躲闪闪，神态慌张，飞至被盗群前，不敢大胆面对守卫蜂，当被守卫蜂抓住时，试图挣脱，进巢前腹部较小，出巢时腹部膨大，吃足了蜜，飞行较慢。作盗群出工早，收工晚。

如果巢门前有三三两两的工蜂抱团厮咬，一些工蜂被咬死或肢体残缺，就是发生了盗蜂。

在被盗蜂群的巢门前，撒上一些白色的滑石粉或面粉，观察带白粉的工蜂的去向，即可以找到作盗群。

（三）盗蜂的预防

第一，选择蜜源丰富的场地，坚持常年养强群，是预防盗蜂的关键。

第二，蜜源尾期，合并弱群和无王群，紧缩蜂巢，留足饲料，缩小巢门，填补蜂箱缝隙。

第三，断蜜期，应尽量不在白天开箱检查，不给蜂群饲喂气味浓的蜂蜜。

第四，蜂巢、蜂蜡和蜂蜜切勿放在室外，不要把蜂蜜抖落在蜂场内。

第五，中蜂与西蜂不能同场饲养，西蜂场应远离中蜂场。

（四）盗蜂的制止

一旦出现盗蜂，应立即缩小被盗蜂群的巢门（大小只容一两只蜂同时出入），并在巢门前放上卫生球或涂些煤油等驱避剂。如还不能制止，就必须找到作盗群，关闭其巢门，捉走蜂王，造成其不安而失去盗性。或将被盗蜂群迁至 5 千米之外，在原处放一空箱，让盗蜂无蜜可盗，空腹而归，失去盗性。如果已经全场起盗，则应果断搬迁场址，将蜂群迁至有蜜源的地方，盗蜂自然消失。

九、蜜蜂的收捕

蜜蜂自然分蜂时，飞出的蜜蜂会在蜂场周围的树枝或屋檐下临时结成一个大的蜂团，并停留1～2小时，待侦察蜂找到新巢后，全群才会远飞而去。因此，收捕蜂团应及时、迅速，否则，蜂群再次起飞后就难以收捕了。如果蜂群由于病、虫危害，巢内缺蜜或巢位不适等引起的全群飞逃时，有的会临时结团短暂停留，也有的直接飞向远方。因此，一旦当发现逃群飞出，首先用水或泥沙向逃群飞逃方向喷洒拦截，强迫其就近降落结团，便于收捕。

收捕蜂团一般使用蜂笼，利用蜜蜂向上的习性进行收捕。蜂笼里可绑上一小块巢脾。收捕时，将蜂笼放在蜂团上方，用蜂帚或带叶的树枝从蜂团下部轻轻扫动，催蜂进笼。待蜂团全部进笼后，再抖入提前准备好了的放有巢脾的蜂箱内。如果蜂团在高大的树枝上，人无法接近时，可用长竿将蜂笼挂起，靠在蜂团的上方，待蜂团入笼后，要轻而稳地取下蜂笼。如果蜂团结在小树枝上，可轻轻锯断树枝，直接抖入箱内（图3–4）。

图 3–4　蜂群的收捕（任勤 摄）

中蜂蜂场有时会发生多群飞逃、一起结团现象。这种情况容易发生围王，这时首先要救出蜂王，然后分别收捕，放入各群内。

收捕的蜂团一般不要放回原群，应用巢脾或巢础框组成新巢，最好调入带蜜粉的子脾。收捕后第二天，如果蜜蜂出入正常，工蜂采粉归巢，说明已安定下来。过2～3天后，再检查，整理蜂巢，连续几晚进行奖励饲喂，使蜂群安定，早日造好新脾。

十、防止蜂群飞逃

蜂群内由于不良因素的影响，常会发生全群飞逃现象。引起蜜蜂飞逃的因素包括病害（欧洲幼虫腐臭病和囊状幼虫病）；箱底太脏，巢虫滋生（空脾放在隔板外，也会引起巢虫大量繁殖）；群内缺蜜，蜂王停产；盗蜂严重，胡蜂侵扰，蟑螂和老鼠侵入，无法抵抗；箱内太热或箱内积水，湿度过大；喂药时，药味太浓，刺激蜜蜂；检查时，动作太重，蜂群受强烈震动等，都会引起蜂群飞逃。

针对蜂群可能飞逃的具体情况，提前去除不利因素，防止蜂群飞逃，如及时治疗病群、防治巢虫、补足饲料、遮阴防湿、保持蜂群安静、少受干扰、驱杀胡蜂等，都可以防止蜂群逃亡。

十一、工蜂产卵的处理

工蜂是生殖器官发育不完全的雌性蜂，一般不会产卵，但在蜂群失王时间太长，则会出现工蜂产卵现象。工蜂产卵很不规则，常一个巢房内产几粒卵，且不都产在房底，有的产在房壁（图3–5）。工蜂未与雄蜂交尾，所产的卵全是未受精卵，如不及时处理，全部发育成为雄蜂，这群蜂也就自然消亡。

图3–5　工蜂产卵（王瑞生 摄）

工蜂产卵的蜂群，很难

诱入蜂王。应立即把工蜂所产的卵虫、巢脾从群内提出，用正常的卵、虫脾换入，毁掉所有的急造王台，诱入一个成熟王台。如果失王过久，蜂群较弱可将蜂群拆散，搬去蜂箱，分别合并到其他蜂群；蜂群较强必须去掉产卵的工蜂，可在傍晚时原箱位置放一空箱，然后，把原群蜂移到50～100米处，轻抖蜂群让采集蜂回原处饿1夜，第二天一早调入卵、虫、蜜脾，产卵工蜂就留在外面的脾上及时处死。将工蜂产卵的子脾抽出，用糖水灌脾，再放到强群清理。有封盖的雄蜂子脾，用割蜜刀去除。

中蜂最容易产生工蜂产卵，应特别注意，及时给失王群诱入蜂王或成熟王台。

十二、工蜂咬脾的处理

爱咬脾是中蜂的特性，给管理造成不便，使巢脾的完整性遭到破坏，咬碎的蜡屑容易滋生巢虫。

防止方法主要是：利用蜜源植物大流蜜时，多造脾，经常用新脾更换老脾；蜂巢里经常保持蜂多于脾或蜂脾相称，抽出多余的空脾另行保管；越冬时，将整张巢脾放在蜂巢两边，半张巢脾放在蜂巢的中央，箱内巢脾排列成“凹”形，以利蜜蜂结团。

如已发现工蜂咬脾，应立即用新脾换去咬坏的巢脾，并清除咬下的蜡屑，避免巢虫滋生危害蜂群。

十三、分蜂群的控制

预防分蜂和控制分蜂热，是中蜂饲养的关键技术之一。蜂群一旦发生自然分蜂，不仅强群变为弱群，影响生产，而且特别容易引起自然分蜂飞逃。

预防自然分蜂的措施有：及时用优质年轻蜂王更换老劣蜂王；扩大蜂巢，加强通风，让蜂王有产卵的余地，避免巢内蜜蜂拥挤；幼蜂大量积累的蜂群，如果尚未进入流蜜期，应适当调出部分封盖子脾，再调入卵、幼虫脾，以增加工蜂的饲喂负担，创造采集条件；进入分蜂季节，应即时割除王台。

蜂群产生分蜂热的主要表现是：巢内出现大量的雄蜂，工蜂积极筑造王台，部分王台内已有受精卵或幼虫，蜂王的产卵量明显下降，腹部逐渐变小，工蜂出勤率降低、消极怠工，巢脾下方和巢门前工蜂连成串，形成“蜂胡子”等。

对已产生分蜂热的蜂群，不能多次除王台，否则蜂王在王台内产下卵就会立即分蜂。因此，要因势利导，让蜂群提前分蜂，然后，再从其他蜂群抽调一部分青年蜂组成采蜜群。

十四、造脾和巢脾保存技术

蜂巢是由若干巢脾组成的。巢脾上六角形的巢房是蜜蜂繁殖后代、贮备饲料和栖息的场所。因此，每个蜂场应配足相当数量的巢脾，适时加入，扩大蜂巢，促进蜂群的繁殖和采蜜。

中蜂喜欢新脾，每年必须更新巢脾。所以，必须充分利用时机，多造新脾、备足巢脾。

（一）巢础的选择

巢础是供蜜蜂筑造巢脾的基础，工蜂在此基础上，分泌蜂蜡，把房眼加筑而成巢脾。选择巢础的基本要求：巢础的房眼必须按工蜂房大小标准制成，中蜂巢础房眼宽度为 4.61 毫米；必须保证房眼的整齐度准确性，房眼大小一致；要用纯净的蜂蜡制成；巢础的韧性要大，不延伸变形。

（二）巢础的安装

巢础的质量与安装技术直接关系到巢脾的好坏、蜂群的群势和饲养管理方便与否。

安装巢础首先要穿好拉紧铅丝（24 号），将铅丝穿在巢框的侧条中，均匀地将巢框分为四等分，然后拉紧。接着将巢础放在平整的巢础板上，将上好线的巢框压于巢础上，立即用埋线器顺铅丝将铅丝压入巢础中。巢础与上梁接线处，应无缝隙，并用熔蜡粘接严密即可（图 3–6）。

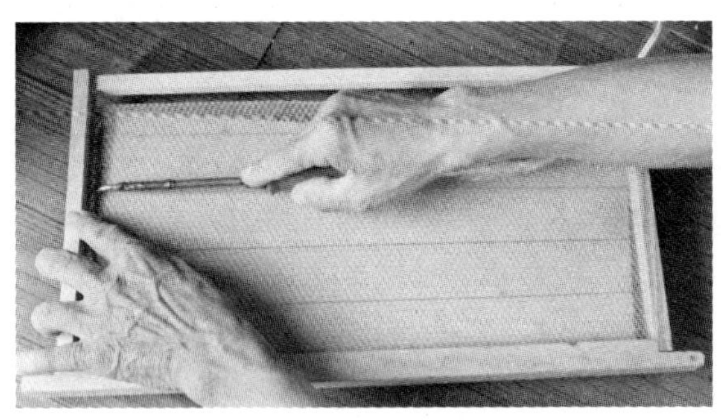

图 3–6　安装巢础（曹兰 摄）

（三）造脾技术

1. 造脾的条件　造脾必须在外界蜜源植物大流蜜、有新鲜的花蜜和花粉采进蜂巢，青年工蜂的蜡腺才会分泌大量的蜂蜡；另外，泌蜡也与蜂王产卵力有关，蜂王产卵旺盛，群内青年工蜂多、群势强，泌蜡造脾的能力就越强。无王群、处女王群不宜造脾。造脾也与巢内空间有关，在大流蜜期，巢内蜂多脾少，无空巢房供蜂王产卵和贮蜜，也会逼迫工蜂造脾。刚分出的自然分蜂群，工蜂泌蜡造脾的积极性较高，造脾速度也快。

2. 加入巢础框　中蜂一般一群一次加入一个巢础框，加在蜜蜂、粉脾与子脾之间，蜂路完全靠拢，以免中间空间太大，所造巢脾不整齐和造赘脾。造好一张脾后，根据天气、蜜源、蜂群情况，再决定是否加第二张脾。

（四）巢脾的保存

从蜂群中抽出的巢脾，极易受潮生霉，或遭受老鼠和巢虫危害，并易引起盗蜂的骚扰。因此，必须妥善保存。

巢脾收存前，首先让工蜂吸净巢房内的存蜜，刮净巢框上的蜡瘤、粪便，挑出其上的少量幼虫和封盖子。然后，进行熏蒸消毒，再密闭存放在不易受老鼠和巢虫侵入的蜂箱或其他密闭容器内。存放巢脾的蜂箱或其他容器附近不能有农药、化肥和煤油等有毒有害物质。

熏蒸巢脾一般用二硫化碳和硫磺粉。二硫化碳是一种无色、透明、略带特殊气味的液体，比重为 1.263，常温下极易气化、易燃，使用时避免接近火源，并防止被人吸入中毒。熏蒸时，盛二硫化碳的容器应放在最高一层继箱内，可以叠加 6 个继箱。放药前，应把蜂箱的一切缝隙用纸条或塑料薄膜封严。放药后，马上盖好箱盖，并糊严箱盖的缝隙。熏蒸的蜂箱不应放在人的居住处、畜棚的下风处，操作的人应站在熏蒸蜂箱的上风向处。

所用二硫化碳的量，按每立方米 30 毫升计算，每个继箱大致用 1.5 毫升。

用硫磺粉熏蒸：可在一个空巢箱上加 5 个继箱，除第一个继箱只放 6 张巢脾外，其余继箱均可放满。第一个继箱的 6 张巢脾沿两边排列，中间空出，以免熏蒸时引起巢脾熔化起火。在底箱中放一瓦片，加上烧着的木炭，撒上硫磺粉后即可。硫磺燃烧产生二氧化硫气体，可达到杀虫消毒的目的。硫磺粉的用量，按每立方米用 50 克，每个继箱用 2.5 克。

熏蒸过的巢脾应密封保存。使用前，应先放在通风处，待药味完全消失后，用清水浸泡晾干之后，才能加入蜂群内。病蜂用过的巢脾，熏蒸后将脾浸泡在生石灰水或 0.1% 甲醛溶液中，消毒杀菌后，才能使用。

第四章

蜂群不同阶段的管理技术

一、早春繁殖技术

初春，气候转暖，蜜源植物逐渐开花流蜜，是蜂群繁殖的主要季节，只有抓住时机，才能保证蜂群越冬后能尽快地恢复发展、迅速培养成为强群，充分利用春季蜜源。

春季蜂群的发展，首先是有产卵力强盛的蜂王。此外，还须有一定的群势，充足粉、蜜饲料，数量足够的供蜂王产卵的巢脾，良好的保温、防湿条件，且无病、虫害等条件。

（一）观察出巢表现

越冬后的蜜蜂，在早春暖和的晴天会出巢排泄腹中积粪，在蜂箱和蜂场上空绕飞。越冬顺利的蜂群，飞翔特别有劲。蜂群越强，飞出的蜜蜂越多。如果出现一些不正常的现象：肚子膨大、肿胀；爬在巢门前排粪，表明越冬饲料不良或受潮湿的影响；有的蜂群，出箱迟缓，飞翔蜂少，而且飞得无精打采，表明群势弱，蜂数较少；个别群出现工蜂在巢门前乱爬，秩序混乱，说明已经失王；如果从巢门拖出大量蜡屑，则有受鼠害之疑。

发现上述异常现象，应开箱检查，针对问题，及时补救。

（二）蜂群快速检查

在气温达到13℃以上的晴天中午，快速检查蜂群，查明经过越冬的群势（强、中、弱），现存饲料情况（多、够、少、缺），蜂王在否，箱内环境（湿度、温度），有无病害等。

检查时，动作要快，检查结果在蜂箱上做好记号，再针对情况，予以处理。

（三）清理箱底或换箱

在良好的越冬条件下，死蜂不多，一般不过几十只。如果越冬不顺利，箱底会堆积很多发霉的死蜂，产生恶臭，极易发生传染病害。检查后，应结合实际情况，清理箱底死蜂或换箱，收拾蜂尸、残蜡和除湿，让蜂群在清洁的环境中进入繁殖期。

（四）加强保温

早春繁殖期间，保温工作十分重要，应做好蜂群的保温工作。

第一，密集群势。早春繁殖应保持蜂脾相称，保证蜂巢中心温度达到35℃，蜂王产的卵、幼虫才能正常发育。应尽量抽出多余空脾。随着蜂群的发展，逐渐加入巢脾，供蜂王产卵。

第二，预防潮湿。潮湿的箱体或保温物，都易导热，不利保温。因此，早春场地应选择在高燥、向阳的地方。当气温较高的晴天，应晒箱，翻晒保温物。

第三，调节蜂路和巢门。气温较低时，应缩小蜂路和巢门。

第四，糊严箱缝，防止冷空气侵入。

第五，慎重撤包装。随着蜂群的壮大，气温逐渐升高，逐渐撤除包装和保温物。

（五）奖励饲喂

当蜂王开始产卵，尽管外界有一定蜜、粉源植物开花流蜜，也应每天用稀糖浆（糖和水比为 1∶3）在傍晚进行奖励饲喂，刺激蜂王产卵。

（六）扩大蜂巢

中蜂不要过早加脾，第一批子全部出房后，巢内工蜂已度过更新期，全部由新蜂代替越冬的老蜂，蜂群内的蜜蜂开始密集，当第二批子全部封盖后应及时加入一张空脾，供蜂王产卵，当这张脾的子全部封盖后再加入下一张空脾。早春添加的繁殖用的巢脾，最好是育过虫的暗色巢脾，经过消毒后，加入蜂巢，因为这种脾蜂王容易接受、产卵快，保温性能较好。

（七）以强补弱

早春气温低，弱群因保温和哺育能力差，产卵圈的扩大很有限，蜂群发展较慢。待强群幼蜂羽化出房，群内蜜蜂密集时，可抽老封盖子脾或幼蜂多的脾，补入弱群，使弱群转弱为强。

（八）喂　水

早春，箱内湿度偏低，往往会出现幼虫脱水现象，发育不良。因此，应视箱内湿度情况，饲喂含盐量 0.05% 的稀盐水，既可供工蜂饮用，又可调节箱内湿度。

二、分蜂期的管理技术

自然分蜂是蜜蜂群体繁殖的形式。饲养管理得当、处理及时，是可以有效预防和控制分蜂热的。

（一）“分蜂热”的征兆

春、夏蜜蜂繁殖时期，大批幼蜂相继出房，巢内哺育蜂相对过剩，工蜂在巢内拥挤，巢温增高；巢脾上空房少，无处贮蜜和

产卵，工蜂怠工，常在巢脾下方或巢门前互相挂吊成串，形成所谓的“蜂胡子”。巢内雄蜂羽化出房，蜂王停产，出现自然王台，这便是即将出现自然分蜂的征兆。

（二）控制自然分蜂的方法

控制分蜂热应从管理人手，尽量给蜂王创造多产卵的条件，增加哺育蜂的工作负担，调动工蜂采蜜、育虫的积极性。

1. 疏散幼蜂　流蜜季节，如已出现自然王台，在中午幼蜂出巢试飞时，迅速将蜂箱移开，提出有王台和雄蜂较多的巢脾，割去雄蜂房盖，杀死雄蜂幼虫，放入未出现自然分蜂热的群内去修补。在原箱位置放一个弱群，幼蜂飞入弱群后，再将各箱移回原位，既增强弱群的群势，也可消除“分蜂热”。

2. 抽调封盖子脾　中蜂发展到 8 脾以上，封盖子脾达到 5～6 脾时，不等发生分蜂热，就分批抽调 1～2 封盖子脾，连同幼蜂一起加入弱群，或人工分群，同时加空脾，供蜂王产卵。

3. 勤割雄蜂房　除选为种用父群外，应尽量将群内的雄蜂房割除，放入未产生分蜂热的蜂群内去修补。

4. 适时取蜜　当蜜压子圈时，应及时摇取蜂蜜，扩大蜂王产卵圈，增加工蜂的哺育工作量。

5. 进行人工自然分蜂　流蜜期前，如个别蜂群产生较为严重的分蜂热，可先把子脾放在没有发生分蜂热的蜂群中去，再加入巢础框或空脾，把工蜂和蜂王抖在巢门前，让它们自己爬入箱内，做一次人为的自然分蜂。

6. 抽蛹脾，加虫、卵脾　将产生分蜂热蜂群内的封盖蛹与弱群里的虫、卵脾进行交换，增加工蜂的哺育工作量，也可迅速将弱群补强。

7. 捕回分蜂群　流蜜刚开始，由于管理不善，有的蜂群已发生自然分蜂，飞出到蜂场附近结团，应及时捕回。方法是：把原群搬开，箱内放 1～2 个蜜粉脾和 1～2 张子脾，诱入一个成熟王台或一只处女王，也可采用一只新蜂王，组成一个新群。收回的蜂团放入一个空箱内，箱内放 1～2 张幼虫脾或一个巢础框架，组成另外一个群。

8. 早育王，早分蜂 蜂群已经产生分蜂热，王台已经封盖，如坚持破坏王台，只是拖延分蜂时间。王台破坏后，工蜂立刻会再造，造成工蜂长期消极怠工，蜂王长期停产，严重不利于蜂群发展，影响蜂产品产量。因此，应及早培育蜂王，加速繁殖，尽快加强群势，有计划地尽早进行人工分蜂。

9. 选育良种，早换王 应采用人工育王的方法，选择场内分蜂性弱，能维持强群的蜂群作为父、母群，培育良种蜂王，及时换去老劣蜂王。

新蜂王产卵力强不易发生分蜂热，因此每年至少应换 1 次蜂王，常年保持群内是新王，便能保持大群，控制分蜂热。

三、越夏期的管理技术

夏季既是高温酷暑，又是多雨季节，外界蜜源缺乏，且病、敌害多，是蜂群生活最困难的时期。如饲养管理不当，蜂群会出现“秋衰”现象，影响秋蜜生产和蜂群发展，更为严重的会造成蜂群飞逃。

（一）越夏前的准备工作

夏季来临前，应利用春季蜜源，培育新王、进行换王，保留充足的饲料，并保持 3～5 框的适当群势，因群势太强，代谢热不易排出，不利越夏。

（二）越夏期的管理要点

越夏期首先必须保证群内有充足的饲料，也可利用外界“立体蜜源”的特点，转地至半山或气候温和、有蜜粉源的地方饲养；

在炎夏烈日，应注意蜂群的遮阴和喂水，把场地选择在有树荫的地方（图 4-1）。

图 4-1　蜂群遮阴 （王洪强 摄）

夏季，蜜蜂的敌害（胡蜂、蜻蜓、蟾蜍、茄天蛾）较多，且巢虫繁殖很快，应特别注意防控；夏季农作物也常施用农药，应做好预防蜜蜂农药中毒的相关工作。

为了降低群内温度，应注意加强蜂群通风，去掉覆布，打开气窗，放大巢门，扩大蜂路，使脾适当多于蜂。

管理上应注意少开箱检查，预防盗蜂的发生。

四、秋季蜂群的管理技术

“一年之计在于秋”是养蜂业的一大特点。因此，秋季的蜂群管理至关重要，直接影响着当年蜂产品的质量和第二年蜂群的发展。山区的秋季有漆树、五倍子等主要蜜源，除生产蜂蜜外，还应做好育王、换王、培育适龄越冬蜂等工作。

（一）育王、换王

每年的 7～9 月份，五倍子开花流蜜，蜜、粉均丰富，培育出的蜂王质量好。因此，应抓住这一时机，培育一批优质蜂王，换去老劣蜂王，以秋王越冬，早春蜂王产卵力强，有利于早春繁殖及蜂群的快速发展。

（二）培育适龄越冬蜂

适龄越冬蜂，是指在越冬期前培育出来的、没有参加过采集和哺育的健壮工蜂。培育适龄越冬工蜂的时间，要根据当地的蜜源和气候条件而定。

蜜、粉源条件是培育适龄越冬蜂的物质基础。五倍子花期后，就要着手培育适龄越冬工蜂，加强蜂箱的防湿、保温，紧缩蜂巢，做到蜂脾相称。用新王产卵，保持一定群势，培育羽化出一批新蜂作为适龄越冬工蜂，进入越冬期。

（三）冻蜂停产

当气温下降，蜂王产卵量减少，应利用寒潮，扩大蜂路，让蜂王停产。待封盖子全部羽化出房，割去中央巢脾少量的刚封盖的房盖，将脾换出。用硫磺烟熏，彻底熏杀脾上的巢虫，换上经消毒的蜂脾，然后再进行越冬包装。

（四）补足越冬饲料

越冬饲料的质量和数量，直接影响蜜蜂的安全过冬。因此，越冬之前必须留足充足的越冬饲料，不能将蜂蜜全部摇出，补喂糖浆；在秋季流蜜不好的灾年，巢内贮蜜很少，越冬包装之前，采用灌脾的方法，将优质蜂蜜或浓糖浆（糖与水之比为 1∶1）灌在巢脾上，供蜜蜂越冬消耗，确保蜂群有越冬食粮；但劣质蜂蜜或糖浆，切勿喂入，否则蜜蜂会因下痢而提前死亡。

五、越冬蜂的管理技术

越冬蜂的管理概括起来，就是“蜂强蜜足，加强保温，向阳背风，空气流通”十六个字，这也是蜂群安全越冬的基本条件。

（一）越冬前的准备

蜂群进入越冬期，首先应做好下列准备工作。

1. 调整蜂群　对全场蜂群进行 1 次全面检查，根据检查情况，进行蜂群调整。抽出多余的空脾，撤除继箱，只保留巢箱。如果蜂群太弱，可将巢箱中央加上死隔板，分隔两室，每一室各放一弱群组成双王群同箱饲养，两个弱群可以相互保温；强群也应抽出多余的空脾，保持蜂多于脾。

2. 囚王断子　由于南方冬季气温白天也能达到 10℃以上（寒潮例外），外界也有零星蜜源。因此，蜂王仍产少量的卵，可用囚王笼将蜂王囚于其中，时间大约 15 天，让其彻底断子，使蜂王得以休养。

3. 换脾消毒，紧缩蜂巢　囚王断子后，巢内已无蜂儿，可将巢脾提出，用硫磺烟熏，清水冲洗晾干之后，再放入群里，然后紧缩蜂巢，让蜂多于脾，有利于蜂群越冬。

4. 喂足饲料　换脾时可将优质蜂蜜或浓度较高的白糖浆（糖与水之比为 1∶1）灌在空脾上，每天饲喂一定数量的蜂蜜或糖浆，让蜂群内有充足的越冬饲料，安全度过越冬期。

（二）越冬保温工作

1. 箱内保温　将紧缩后的蜂脾放在蜂巢中央，两侧夹以保温板。两侧隔板之外，用稻草扎成小把，填满空间。框梁上盖好覆布，并加保温纸。盖上副盖，副盖上加草苫或棉絮，缩小巢门即可。

2. 箱外包装越冬　分单群包装和联合包装两种。

（1）**单群包装**　是做好箱内保温后，在箱盖上面纵向先用一块草苫把前后壁围起，横向再用一块草苫，沿两侧壁包到箱底，留出巢门，然后加塑料薄膜包扎防雨。

（2）**联合包装**　是先在地上铺好砖头或石块，垫上一层较厚的稻草，然后再将经过内保温的蜂箱排在稻草上面，每2～6群为一组，各箱间隙填上稻草，前后左右都用草苫围起来。缩小巢门，然后用塑料薄膜遮盖防雨。

（三）越冬管理

做好保温工作之后，越冬期千万不要经常开箱检查，以箱外观察为主。此外，应注意以下几点。

1. 饲喂 每天在傍晚用配好的糖浆饲喂，糖浆以较快的速度倒入饲料盒中，以免散失巢温。

2. 加强通风 如发现部分工蜂出巢扇风，说明巢内闷热，应加大巢门，或短时撤去封盖上保温物，加强通风；同时，还要防止鼠害。

第五章

优质蜂王培育技术

一、人工育王发展史

蜜蜂生物学的发展为人工培育蜂王提供了理论基础。在我国，10 世纪就有人发现蜂王是蜂群中群体繁殖的主要条件。而在欧洲各国 16 世纪才确认蜂王是蜂群中产卵的雌性蜂。

（一）三型蜂级型确定

亚里士多德（公元前 384—公元前 322 年）曾提到过蜂王是蜂群的雌性蜂，但当时没有引起人们的重视。公元 10 世纪我国的王禹偁在其著作《小畜集·记蜂》中提到蜂王是蜂群中个体最大的蜂，而且能在王台中培育幼蜂王，割除王台后，可以控制自然分蜂。1273 年成书的《农桑辑要》中指出，分蜂应当根据王台多少和蜂群的强弱来确定王台的去留。西班牙的托列斯（1586）描述蜂王是产卵的雌性蜂。英国的巴特勒（1699）发表文章称雄峰是蜂群中唯一的雄性蜜蜂。莱姆纳特（1637）在其著作《蜜蜂的自然史》中，描述工蜂是雌性的。于北（1814）提出许旺莫丹通过解剖证明了蜂王是雌性的，从此，确定了三型蜂的型别，人们才认识到蜂群是由雌性蜂王、雌性工蜂和雄性雄蜂组成。

德国的瞿考布于 1568 年首先发表能用工蜂房的小幼虫培育

蜂王的观点，后来这一论述得到席拉赫（1771）和扬沙（1773）得到证明。这一发现，为人工培育蜂王提供了重要根据。

于北称，工蜂房里幼虫达到3日龄以前，具有发育成工蜂和蜂王的胚芽。席拉赫在1771年推测，幼虫能够发育成蜂王，是由于饲喂的饲料和空间的不同而引起。为了证明这一结论，德国的普兰塔（1884）分析了蜂王和工蜂的饲料，结果发现在卵孵化成幼虫的最初3天蜂王幼虫和工蜂幼虫被饲喂的饲料相同，随后发育为工蜂的卵虫被饲喂了花蜜和花粉，而蜂王的饲料则没有变化。

到了20世纪50年代的研究发现，蜂王浆里面含有某些特殊物质，他们在蜜蜂级型分化中起着重要作用。蜂王和工蜂是由同样的受精卵发育而成，基因型相同，它们在形态、生理及行为的差别是由环境（饲料和巢房）影响而形成了不同的表现型。

（二）雄蜂和孤雌生殖的发现

齐从于1845年用黄色意蜂蜂王和黑色的黑蜂雄蜂进行了杂交，发现产出的后代工蜂为杂种，而雄蜂则是纯种的意蜂；反过来进行杂交，观察到了同样的结果，雌性蜂为杂交种，雄性蜂为纯种，从而证明雌性蜂来源于受精卵，而雄性蜂是由未受精卵发育而成。齐从认为，蜂王卵巢中的卵都是未受精的，如果在产时受精，将发育为雌性蜂，否则就发育为雄性蜂。他还指出，蜂王具有任意产受精卵和未受精的能力。这一发现对蜂王培育及蜜蜂育种具有重要意义。

（三）卵子的受精研究

19世纪初，于北已经描述过蜂王必须飞出巢穴在空中交尾，才能产受精卵。但是卵是怎么受精的还是个谜。朗斯特罗什引证资料证明，波泽尔在1784年对蜜蜂卵的受精就做出了正确的解释，描述了蜂王的输卵管和受精囊，指出当卵到达中输卵管和受精囊结合部位时，精子使卵受精。后来西博尔德于1843年检查了交尾蜂王的受精囊后，发现里面充满了精子，证实了受精囊的作用。亚当（1913）认为，卵到达中输卵管时，精子从张开的卵孔进入卵内，完成受精。

（四）蜂王和雄蜂的交尾

在没有弄清楚蜂王交尾过程时，大多数人认为蜂王和雄蜂是在巢内进行交尾的。扬沙（1771）发现蜂王飞出巢去交尾。20年后，于北将蜂王限制在巢内，结果发现不能产受精卵，证明了蜂王必须飞出巢外完成交尾。

在认识了蜂王在飞行中交尾以后，设计出了一些控制蜂王交尾的方法，以避免与不适宜的雄蜂或不同种的雄蜂交尾。其中以远离其他蜂群建立隔离交尾区最普遍，也最成功。

塔伯等指出，处女王在一次婚飞过程中会进行多次交尾。特利雅斯果解剖婚飞后的蜂王发现，处女王输卵管中的精液不止来自一只雄蜂，从而证明了蜂王在婚飞期间可与7～17只雄蜂交尾。美国从1885年开始了人工授精技术的研究，直到20世纪40年代才获得成功。

（五）人工育王技术的研究

在人们了解了三型蜂、蜂王产卵和婚飞等行为后，就开始尝试人工育王。杜利特尔（1888）对当时各种培育蜂王的方法都进行了试验，用木棒制作蜡碗，用移虫针移虫等。在总结经验的基础上，撰写了《科学育王法》，为人工育王奠定了基础。汪克勒对移虫方法做了一些改进，制作出了蜂王笼，于1903年出版了《蜂王》一书。20世纪20年代以后，各养蜂发达国家对培育蜂王的方法（移虫育王、移卵育王等）和设备（台基、台基棒、育王框、移虫针、王笼等）做了不同的尝试和改进，到目前为止，蜂王的培育已经成为各专业育王场和养蜂场必须掌握的一项技术，而且已经成为大规模的企业经营行为。

二、人工育王主要设备

（一）育 王 框

育王框和巢框形状一致，但框梁比巢框窄（约一半）的木制或者塑料框架，框架的侧条上等距离安装 2～3 条相互平行且能活动的木条或者塑料条（台基条），制作方法和巢框相同。移虫育王时在台基条上等距离地粘上 10 个左右的人工台基，即可放入蜂群培育蜂王。育王框的基本形状如图 5-1 所示。

图 5-1　育王框（摘自《中国蜜蜂学》）

在制作育王框时，注意上框梁的宽度要比巢框的窄，一般 12～13 毫米。这样，既利于蜜蜂能及时对台基中的小幼虫进行饲喂，又可以加强保温，提高王台接受率，台基条的宽度和框梁相同，而且台基条要能活动，便于粘台基及移虫操作。

（二）台 基 棒

台基棒一般采用质地比较细，且坚硬的木料制成，长约 100 毫米，蘸蜡端一般为半球形（图 5-2）。对中蜂自然台基的研究显示，中蜂自然台基的端口直径在 9 毫米左右。台基棒的制作比较简单，找一段质地细而坚硬的木棒，然后用木工刀或者其他刀具将蘸蜡端削圆（圆锥形），然后用砂纸打磨光滑，在制作过程中可用测量工具，测量蘸蜡端的直径（8～9 毫米）。

研究显示，当台基棒蘸蜡端的最大直径为 8 毫米时，做出来的台基移虫接受率最高，所以推荐在制作台基棒时，采用最大直径为 8 毫米的台基棒（图 5-3），来提高人工育王王台接受率。

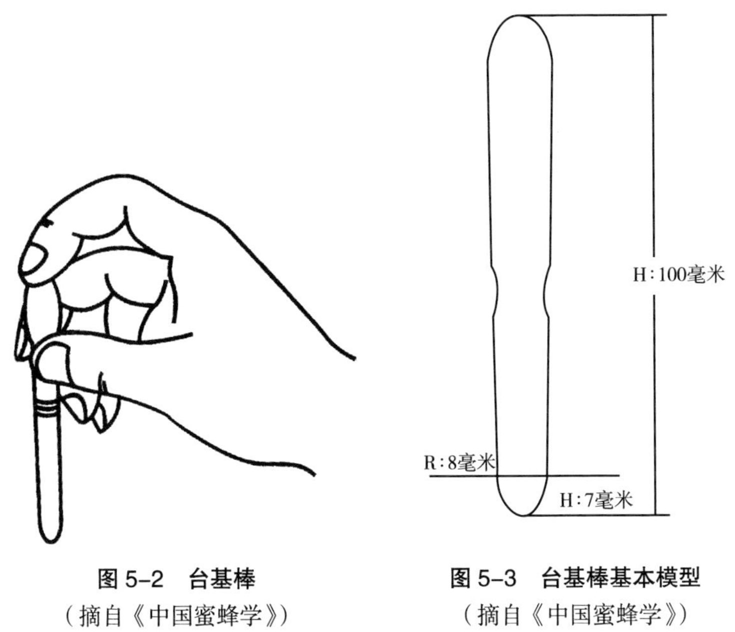

图 5-2　台基棒
（摘自《中国蜜蜂学》）

图 5-3　台基棒基本模型
（摘自《中国蜜蜂学》）

（三）人工台基

人工台基可分为蜂蜡台基和塑料台基。塑料台基一般用来生产蜂王浆用，也可以用来人工育王。根据中蜂生物学特性及相关研究结果表明，为了提高蜂王质量及王台接受率，采用蜂蜡台基最好。人工台基模型如图 5-4 所示。根据对自然台基基本数据的

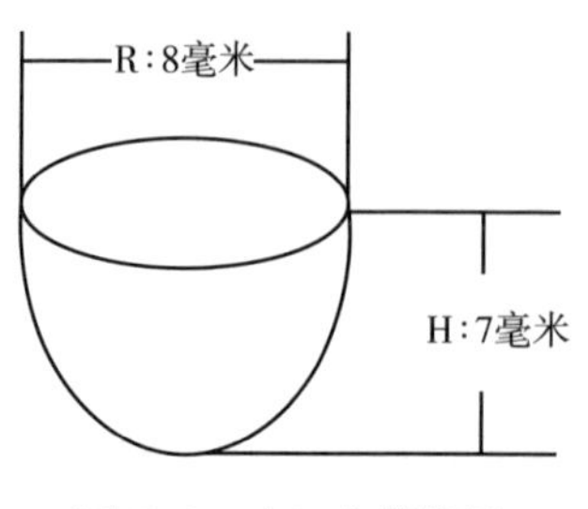

图 5-4　人工台基模型
（摘自《中国蜜蜂学》）

测定、孔径对王台接受率的影响研究及不同孔径的台基对蜂王初生重的影响研究发现，采用孔径 8 毫米、深度 7 毫米的蜂蜡台基王台接受率最高，有利于移虫操作，且对蜂王初生重影响不大。

台基制作方法：将平时收集的纯净蜂蜡放到熔壶中熔化，不能将蜡熔沸，同时准备一碗干净的冷水。然后将台基棒蘸蜡端浸入水中 5 分钟左右，待台基棒上无气泡时，就可以蘸制台基了。将台基棒蘸蜡端迅速垂直插入熔蜡中，插入深度以 7～8 毫米为宜，然后迅速提出，再迅速插入，迅速提出，重复 2～3 次，但每次都比前一次浅一些。然后将其放到冷水中冷却，提出后轻轻左右旋转台基，从台基棒上取下即可。

（四）移 虫 针

移虫针有金属移虫针和塑料移虫针两种，目前使用最多的是弹簧移虫针。其主要作用是用来将巢房内的小幼虫移到王台中。主要是由牛角舌片、塑料管、幼虫推杆、弹簧和塑料线组成。基本形状如图 5-5 所示。

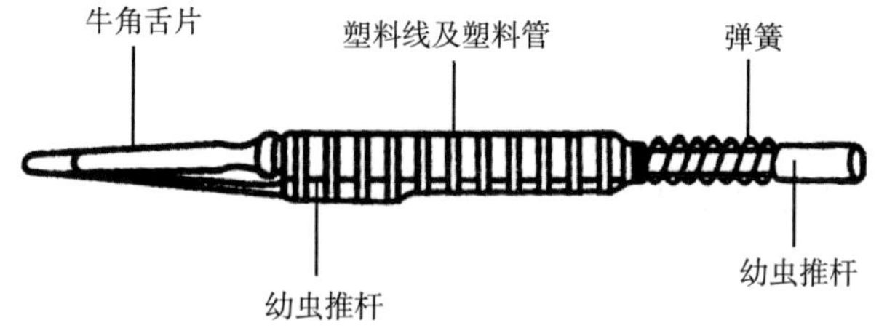

图 5-5　移虫针　（摘自《中国蜜蜂学》）

三、人工育王条件

（一）蜜 粉 源

人工育王需要丰富的蜜粉源。优良王台都是在蜜粉源丰富的阶段建造而成的。自蜂群繁殖最高峰算起，经过移虫育王、蜂王羽化出台、交尾、产卵，直到提用授精蜂王，整个过程不少于1个月。因此，培育蜂王应有连续40天左右的蜜粉源。

（二）雄　蜂

如果要保证蜂王质量以及后代的种性，就需要培育适量的雄蜂。雄蜂性成熟期在出巢10天以后；蜂王性成熟期，在出巢3天以后，如从移虫育王算起，则在移虫16天以前培育雄蜂。因此，一般应在移虫育王前第17天开始培育雄蜂，这样就可使得所培育蜂王的性成熟期与雄蜂的青春期相吻合。但是，当要使蜂王性成熟时有大量的雄蜂，还要将上述培育雄蜂时间提前7天，即在移虫育王前第24天开始培育雄蜂，即在雄蜂开始出房时移虫育王。培育雄蜂时间推算如下：

根据中蜂蜂王和雄蜂的发育期和性成熟期，制定培育蜂王和雄蜂的时间，使得所培育处女王的性成熟期与雄蜂的青春期相吻合。

1. 雄蜂从卵至成蜂的发育期和性成熟期

发育期：卵期3天＋未封盖幼虫期7天＋封盖期13天＝23天

性成熟期：出房后第10天。

雄蜂从卵发育至性成熟所需时间：发育期23天＋性成熟期10天＝33天

2. 蜂王从卵至成蜂的发育期和性成熟期

发育期：卵期 3 天 ＋ 未封盖幼虫期 5 天 ＋ 封盖期 8 天 ＝16 天

性成熟期：出房后第 3 天

蜂王从卵发育至性成熟所需时间：发育期 16 天 ＋ 性成熟期 3 天 ＝19 天

移虫育王时蜂王从 1 日龄虫发育至性成熟所需时间：19−3（卵期）＝16 天

3. 培育雄蜂和蜂王的时间确定

移虫前开始培育雄蜂时间 ＝ 雄蜂卵至性成熟时间 33 天 − 移虫至性成熟时间 16 天 ＝17 天

即：应在移虫育王前第 17 天开始培育雄蜂，这样就可使得所培育蜂王的性成熟期与雄蜂的青春期相吻合。当要使蜂王性成熟时有大量的雄蜂，还要将上述培育雄蜂时间提前 7 天，即在移虫育王前第 24 天开始培育雄蜂，即在巢脾上看见有出房雄蜂时移虫育王。

（三）气　候

蜂王和雄蜂的发育、交尾，需要有 20℃以上的晴朗的天气条件。因此，在人工育王时，要选择气候适宜的时节，尽量避免连续阴雨的天气。

（四）群　势

只有强大的群势，才能育出优良的蜂王。而强群必须是健康、无病，具备各期蜜蜂的蜂群，特别是有大量 6～8 天的适龄哺育蜂。一般中蜂群势应该达到 6 框以上。

（五）种群选择

选择种用蜂群，包括种用母群和种用父群的选择。育王时，应选择分蜂性弱、能维持大群、种性优良的蜂群作为种用群，分别用它们来培育新蜂王和雄蜂。由于我国各地的中蜂，在形态和生物学性能上有所差别，因此难以提出统一的育种目标，而只能提出一种大概的种群选择标准，以便尽快地克服中蜂的不良性状。

1. 生产力　生产蜂蜜是饲养中蜂的主要目的之一，选用采集力强的高产蜂种是中蜂高产的保证。因此，要选择采蜜力强和高产的蜂群作为种用蜂群。

2. 分蜂性　选择不爱分蜂、能维持强群的蜂群作为种群。一般来说，蜂群群势应该达到 6 框以上，如果没有其他特别的缺陷，便可留作种群。

3. 抗病能力　在发病季节进行鉴定，选择群内没有发现病虫，或者病虫率低于 5‰的蜂群作为种群。

4. 其他　对于选留种用群，除了考察以上几个方面外，还应考察其亲代及祖代的表现，也就是进行系谱考察，从而选出亲代性能优良的蜂群，使种用蜂群具有比较稳定的遗传性。

四、人工育王操作技术

人工育王前，必须准备好育王所需要的基本工具。此外，还必须组织好培育蜂王的蜂群（父群、母群和哺育群），并且制定好育王计划。

（一）基本工具

人工育王所需的工具主要有育王框、台基棒、移虫针、纯净蜂蜡和熔蜡壶等。

（二）雄蜂培育

父群的性状对后代的生产性能、分蜂性等有很大影响，所以在人工育王时，如果条件允许，最好能培育一批雄蜂用于与蜂王交尾。培育雄蜂的时间要根据育王计划确定。一般情况下，在移虫育王前 20 天左右加雄蜂脾开始培育雄蜂。培育雄蜂数量要根据育王数制定，正常情况下，一只蜂王在婚飞过程中需要与 8～10 只雄蜂交尾。春、夏季培育雄蜂按照 80∶1 进行培育，也就是每只蜂王要计划培育 80 只雄蜂，因为通常培育出的雄蜂性成熟率只能到达 70%～80%。秋季培育的雄蜂性成熟率更低，只有 50% 左右，所以在秋季要按照 100∶1 进行雄蜂培育，保证处女王正常交尾和充分授精。培育雄蜂的主要方法为：选择群势强、分蜂性弱、温顺的蜂群，将蜂王控制在雄蜂脾上让其产未受精卵，进行雄蜂培育即可。

（三）幼虫的准备

移虫育王工作中，有计划地准备蜂王幼虫非常重要。通过组织种用母群产卵不仅可以获得足够数量的幼虫，而且控制产卵可以提高卵的数量和质量。在移虫前 10 天，将种用母群的蜂王用产卵器控制在大面积幼虫脾上，使蜂王无处产卵。在移虫前 4 天，选择一张正在羽化出房的老子脾或者浅棕色的空脾放到控制器里面供蜂王产卵。待卵孵化 12～24 小时就可以用该脾进行移虫育王。

（四）固定台基

台基做好后，要将其装在台基框上。首先将台基的一面涂上 1.5 毫米左右的蜡，然后将台基套在小于台基的木棒上，在台基上少量蘸蜡液，使其粘到台基框上（图 5–6）。安装好后，轻轻地抖动下，检查是否有没有粘牢固的，如果没有粘牢，必须重新粘好，直到牢固为止。一般一个台基条粘 10 个台基，共计 30 个为宜。

图 5–6　粘好台基的育王框（摘自《中国蜜蜂学》）

（五）台基清理

将装好台基的育王框放入蜂群让工蜂清理 2～3 小时，如时间充裕，可将台基放入蜂群中清理 12 小时最好，待台基被工蜂加工成口略收的近似自然王台时，即可取出准备移虫育王。

（六）移虫育王

移虫育王可分为一次移虫育王和复式移虫育王。研究显示，复式移虫育王王台接受率明显高于一次移虫，所以推荐复式移虫育王来培育蜂王。

1. 一次移虫育王　一次移虫育王是将育王框在蜂群中清理后，直接往台基里面移入种用幼虫进行培育蜂王，为了提高接受率，在移虫前往台基里面点少量王浆，然后把小幼虫移到台基里面，将育王框放入育王区进行培育。

2. 复式移虫育王　复式移虫就是通过两次幼虫操作进行培育蜂王。第一次将普通小幼虫移入王台内，放到哺育群经过 12～20 小时后，将这些小幼虫从台基中取出，然后再将种用蜂群中的小幼虫移到台基中进行培育。蜜蜂对复式移虫的接受率比较高，复式移虫的王台较大，蜂王羽化出房时王台里剩余王浆较多。但是如果第一次移 1 日龄的幼虫，24 小时后复式移虫仍然用 1 日龄的幼虫的话，培育的蜂王体重往往较轻。因此，在复式移虫时，第一次移虫日龄要小，第二次移虫与第一次移虫时间间隔要短，一般前 1 天傍晚进行第一次移虫，翌日上午进行复式移虫。

（七）移虫操作

移虫工作应选择气温在 25℃以上、天气晴朗、空气相对湿度在 75% 左右、光线充足的室内进行。如果外界无风、蜜源较好、没有盗蜂的情况下，也可以在室外进行。

移虫前，首先从母群中提出预先准备好的幼虫脾，不要直接抖蜂，防止虫脾振动使幼虫移位，影响正常移虫，应用蜂刷将蜜蜂轻轻刷去，将育王框和幼虫脾拿到移虫的地方，然后用移虫针进行移虫。移虫时将移虫针从幼虫背侧插入虫体下，接着提起移虫针，使幼虫被移虫针粘起来。移虫针放到台基中，针尖到台基底部中央时，用手轻轻推动移虫针推杆，把幼虫移到台基里面（图 5–7）。

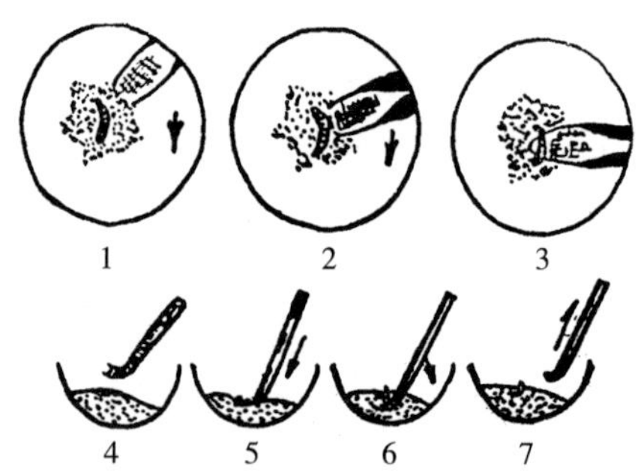

图 5–7 移虫操作 （摘自《中国蜜蜂学》）

1. 2. 将移虫针从幼虫背侧斜着插进去 3. 将幼虫轻轻挑起
4. 5. 6. 将幼虫放入王台 7. 将移虫针从幼虫下面抽出

如果一次粘不起来的幼虫，最好不要重复第二次，避免幼虫被弄伤，提高成活率。虫体日龄尽量一致，并且要适龄。移虫结束后，应该迅速将育王框放入哺育蜂，以免影响幼虫正常发育。

进行复式移虫时，将育王框从哺育群中提出，用镊子轻轻地将台基中的幼虫夹出，一定要仔细检查，保证第一次移的幼虫全部取出。然后重新将种用幼虫移入台基原位置上，放入哺育群继续培育。

需要注意的是，移虫结束后，要尽快地将育王框放到哺育群中幼虫脾中间，蜂路一定要调整为半蜂路（5 毫米）。管理措施可参考“七、育王群、交尾群的组织与管理”。

（八）介绍王台

蜂王即将出房的前 1～2 天，将王台诱入到交尾群中。诱入王台有两种方法，一种是将王台底部压入蜂巢中间巢脾中上端有蜜的地方即可，注意要使王台封盖口朝下；另一种是将王台放入王台保护器中（可用细铁丝绕制而成），插在巢脾上，防止被工蜂咬掉（图 5–8）。

图 5–8 王台保护器

（曹兰 摄）

（九）蜂王提用

处女王交尾成功，待产卵 8 天后，即可根据需要提走蜂王，介绍到其他无王群进行饲养，或者将优质蜂王保存留作种用蜂王。

五、提高王台接受率关键技术

（一）台基类型选择

台基一般分为塑料台基和蜂蜡台基，不同的台基类型对移虫接受率影响很大。笔者曾对塑料台基和蜂蜡台基对中蜂人工育王王台接受率做了对比试验，发现用蜂蜡台基王台接受率要明显高于塑料台基，差异极显著（$P < 0.01$）。其他相关的研究也有类似的结果。因此，在人工培育中蜂蜂王时，最好选择蜂蜡台基，可以提高王台接受率。

（二）台基孔径

到目前为止，大多数研究人员的研究都是集中在台基口径对产浆的研究上。方文富等研究认为，采取孔径为 9 毫米的台基移虫接受率及产浆量最高。

（三）台基深度

一般来说，台基深度对王台接受率没有影响，但是考虑到移虫操作的技术性问题，建议在培育蜂王时，台基深度不能太深，究其原因有两点，第一是台基过深会给移虫带来难度，除了不容易移入外，对幼虫伤害的可能性也会更大；第二是蜂群在清理时也会增加强度，时间也会更长。所以，推荐王台深度 7～8 毫米为最好，不仅可以提高移虫可操作性，提高移虫速度，也不会给幼虫带来伤害。

（四）虫　龄

研究显示，虫龄（不超过 3 天）对王台接受率没有明显的影响，但是为保证蜂王质量，在移虫时，最好选择日龄小于 1 天的小幼虫。

（五）移虫方式

移虫方式可分为一次移虫和复式移虫。在大流蜜期，两种方式在影响王台接受率方面差别不大，但在蜜粉源缺乏时，复式移虫的王台接受率明显高于一次移虫。所以，在选择移虫方式时，在时间允许的条件下，最好选择复式移虫，可以大大提高王台接受率。

（六）移虫条件

在王台底部点浆、点蜜和不点浆蜜的三种情况对中蜂王台接受率做对比试验，结果发现，没有明显的区别，三种方法王台接受率几乎没有差别，但是对蜂王的质量有一定影响。陈世璧等研究表明，复式移虫和王台中点加蜂蜜培育的蜂王质量较理想。所以，在培育中蜂人工蜂王时，在台基底部点蜜或者采取复式移虫的方法，在保证接受率的情况下，可以明显提高蜂王质量。

（七）移虫数量

据陈世璧等的试验结果，哺育群培育的蜂王数量越少，蜂王的初生重就越重；随着哺育群中育王数量的增加，培育出来的蜂王初生重降低。因此，在移虫育王时，不仅要考虑蜂群的哺育能力，也要考虑培育的新蜂王的质量；移虫数量不能过多，也不能太少，在保证接受率和蜂王质量的情况下，一般一个哺育群移虫数量最好控制在 30 个左右。

六、提高人工育王蜂王质量关键技术

蜂王的优劣，主要表现在蜂王产卵力和控制分蜂的能力（维持群势的能力）。蜂王的产卵能力和控制分蜂的能力是维持强群的首要条件，而强群是养蜂高产的基础。培育出产卵能力强的蜂王，是人工育王的主要目标。判别一个蜂王的好坏，除了经验以外，最主要的是找出影响蜂王质量的因素，来控制人工培育蜂王的质量。

（一）初生重与蜂王质量

蜂王初生重是衡量新蜂王优劣的重要依据。研究显示，初生重较大的蜂王其卵巢管数比较多，产卵量高，封盖子脾多，产蜜量也高。蜂王初生重与产卵力等因素呈显著的正相关关系，这一结果和养蜂生产中，许多养蜂者都喜欢选择个体大的蜂王是一致的。所以，在人工培育蜂王过程中，要从育王条件出发，克服不利因素，尽量培育出个体大的蜂王用于养蜂生产，以提高产品产量。

（二）卵的大小与蜂王质量

卵的大小相差很大，而且卵的大小随着蜂王产卵量的变化发生变化。用不同大小的卵培育出的蜂王，在质量上也有很大差异。

苏联的学者们曾用大卵（0.131 毫克）和小卵（0.118 毫克）分别培育了 50 只处女王，发现用大卵培育的蜂王，初生重、卵巢管数都要显著高于用小卵培育的蜂王，而且产蜜量提高 30%。我国许多学者也做了相同的试验，研究结果一致。笔者也做了同样的试验，发现用大卵培育的中蜂蜂王初生重要比用小卵培育的蜂王平均重 13 毫克，卵巢管数平均多 6 条。由此可见，用较大的卵培育蜂王，初生重大，卵巢管数就多，产卵力强，封盖子脾多，蜂群强盛，产蜜量较高。大卵的获取，可以采用限王产卵的方法。

（三）移虫日龄与蜂王质量

用不同日龄的幼虫培育成的蜂王，其体重和卵巢管的数量随着幼虫日龄的增大而减少。沃克研究了移取幼虫的日龄对育成蜂王品质的影响，发现 1 日龄幼虫培育出来的蜂王平均体重为 189 毫克，2 日龄幼虫培育出来的蜂王平均体重为 172 毫克，3 日龄幼虫培育出来的蜂王平均体重为 147 毫克。随着移取幼虫日龄的增加，蜂王的体重、卵巢管数量、受精囊的直径和进入受精囊的精子数等指标都下降。日本的八户芳夫用不同日龄幼虫培育处女王，通过解剖测定卵巢管的数量也证实了这个问题。

陈世璧发现用刚孵化的幼虫育成的蜂王，其初生重比用 1 日龄幼虫育成的蜂王有明显提高。用不同日龄工蜂幼虫培育的蜂王质量不同，主要原因是随着幼虫日龄增大，工蜂和蜂王幼虫的食物成分差别增大。因此，移取的小幼虫日龄越大，其发育就越向工蜂靠近。

因此，在进行人工育王时，尽量选择日龄小的幼虫育王，最好能将日龄控制在 12 小时以下最好。

（四）移虫数量与蜂王质量

据陈世璧等的试验结果，哺育群培育的蜂王数量越少，蜂王的初生重就越重，随着哺育群中育王数量的增加，培育出来的蜂王初生重降低。对于一般的育王群来说，一次以培育 20～30 个王台为宜。群势很强的蜂群，最多也不宜超过 40 个王台。

七、育王群、交尾群的组织与管理

（一）育王群的组织

育王群可分为有王育王群和无王育王群，育王群通常在移虫前 1～2 天组成。有王育王群组织时，用框式隔王板将蜂王限制在箱内一侧 2～3 框区内产卵繁殖，另一无王区作为育王区。在育王区内，放 2 个有粉蜜的成熟封盖子脾和 2 个幼虫脾，幼虫脾居中。育王时，育王框插在育王区的两个幼虫脾之间。组织无王育王群时，直接将蜂群中的蜂王提走即可。一般推荐采用无王群进行蜂王培育。

育王群群势不足时，应提前 6～7 天补进老熟的封盖子脾，以增强群势。当群内巢脾过多时应适当抽出卵虫脾，以密集蜂群和减少蜂群哺育幼虫的负担。

（二）育王群的管理

第一，每 3 天要进行 1 次彻底检查和毁除育王区的王台。

第二，每 3 天要调整蜂巢 1 次，将繁殖区的卵虫脾调到育王区，将育王区的空脾和正在出房的封盖子脾调到繁殖区供蜂王产卵。

第三，组织育王群的当天开始至王台封盖，每晚应对育王群进行奖励饲喂，提高蜂群哺育幼虫的积极性，提高王台接受率。

第四，育王框两侧的蜂路应缩小成单蜂路（5 毫米），既利于蜜蜂通行及时对幼虫进行饲喂，也可以起到好的保温效果。

第五，无王群育王只能哺育蜂王 1 次，不能连续多次进行。培育 1 次蜂王后，应及时诱入王台换王或释放所囚蜂王。

（三）交尾群的组织

为了安全起见通常要在移种用幼虫后 10 天，就要将所培育的王台介绍到交尾群。因此，应在移种用幼虫后 9 天（诱入王台前 1 天）傍晚组织。方法是：从同一个强群中抽取 1～2 个带蜜和工蜂的成熟蛹脾组成交尾群，置于幽暗通风处，关闭 1 个晚上，给以 18～20 小时的无王期，产生失王情绪。次日早晨，把交尾群放在场地宽敞、午后有日照的地方，巢门用纸团轻轻塞住，让蜜蜂咬穿纸团出巢，以促使蜜蜂重新认巢，减少蜜蜂返回原巢。待中午开箱检查，并毁除王台，然后诱入所培育的成熟王台。如发现蜜蜂返回原巢较多，可通过紧脾和补充幼龄蜂解决。组织交尾群一般可采用以下两种办法：

1. 原群直接组织交尾群　在诱入王台的前 1 天，将原群蜂王杀死，或关在囚王笼中置于箱内后部底板上，待新王交尾成功产卵后将原蜂王处死。

2. 原群隔小区组织交尾群　在诱入王台的前 10 天左右，在原群蜂箱的侧壁开设 1 个小巢门，让蜜蜂自由出入。在诱入王台的前 1 天，用闸板将有侧巢门的一侧隔出 1～2 框小区，作为“交尾箱”。小区内调入 1～2 个带蜜和工蜂的成熟蛹脾组成交尾群，于翌日检查交尾群，毁除其王台，并诱入所培育的王台。

（四）交尾群的管理

交尾群的科学管理是蜂王交尾成功与否的重要因素。可以参考以下要点进行管理：

第一，尽可能利用地形地势，分散排列，以便处女王和工蜂认巢。

第二，保持群内饲料充足。

第三，交尾群检查一般在蜜蜂出巢前或归巢后检查，避免在蜂王婚飞时间开箱检查。

第四，检查内容包括蜂王是否存在、蜂王是否交尾、蜂王是否产卵、贮蜜情况、蜂数情况等，出现异常情况应及时处理。

第五，检查交尾群时，要轻稳，避免惊扰处女王，防止处女王受惊起飞。

第六，尽可能缩小巢门，缩短检查时间，防止盗蜂。

第七，检查多室交尾箱群时应用覆布盖住同箱其他交尾群，避免同箱处女王误入它群造成损失和避免惊扰同箱其他交尾群。

第八，适当采取奖励饲喂，促进蜂王交尾。

第六章
中蜂病害

蜜蜂与其他昆虫一样，会发生多种病害，也经常受到敌害的侵袭和干扰。蜜蜂病敌害不仅严重影响蜂群的繁殖与生存，而且会使蜂产品的产量和质量降低，经济效益差；既影响对外出口，又影响人们的健康。因此，必须加强蜜蜂病敌害的预防和治疗，使蜂群健康发展。

一、蜂场防疫措施

科学有效的蜂场预防方法是提高蜂群抗病能力、减少疾病发生率的有效措施。养蜂人员要注意个人卫生，注意保持蜂场和蜂群内的清洁卫生，蜂箱、蜂具要按规定进行消毒，彻底消灭病原；提倡自己收野蜂，不到传染病发病区域购蜂或放蜂，发现病蜂群要及时隔离，有效阻断病原物的传播途径；春繁、秋繁时期，饲喂蜂群清洁盐水和补充蛋白质饲料，全面提升蜂群的抗病力。

（一）蜂场消毒

蜂场的消毒包括蜂箱、蜂具、巢脾及场地消毒。消毒的方法有机械消毒法、物理消毒法、化学消毒法等。

1. 机械消毒法 根据不同的消毒对象采用相应的方法。蜂箱蜂具消毒可用刀铲刮；巢脾消毒可用清水浸泡清洗后，用摇蜜机甩净巢房内的水；场地可用锄头除去杂草等。

2. 物理消毒法　一般种类较多，常用的有日光暴晒、灼烧、煮沸、紫外线等。

（1）日光暴晒　空置的蜂箱要经常在日光下进行暴晒去除箱内残存的绵虫、细菌。

（2）灼烧　在进行灼烧消毒之前，应将消毒的物件用刀将黏附的蜡屑或脏物去除干净，同时将所消毒物件的木质部分烧至微显焦黄为止。一般是用喷灯进行消毒。

（3）煮沸　一般是用于覆布、工作服、金属器具、小型用具及巢框等消毒。

（4）紫外线　常用于蜂具贮藏室及蜂场检疫消毒。

3. 化学消毒法　一般是用化学药物对蜂场及蜂具进行熏蒸或者喷洒消毒。常用药物有甲醛、冰醋酸、高锰酸钾、烧碱、新洁尔灭、硫磺、漂白粉等。

（二）预防性消毒常用药物及使用方法

一般在每年秋末和春季进行预防性消毒。

1. 蜂箱、蜂具、巢脾消毒

84 消毒液：杀菌用4%浓度，10分钟；消灭病毒用5%浓度，90 分钟。

漂白粉：5%～10%，30 分钟至 2 小时。

食用碱：3%～5%，30 分钟至 2 小时。

2. 仓库墙壁地面消毒　石灰乳：10%～20%，现配现用。

3. 细菌、真菌、孢子虫、巢虫防治　可用饱和盐水 30%，4 小时以上。

4. 蜂螨、巢虫、真菌防治

冰醋酸：8%～9%，1～5 天，10～20 毫升 / 箱。

甲醛：2%～4%，10～20 毫升 / 箱，注意密封。

硫磺：2～5 克 / 箱，24 小时，每次 5 个箱子。

二、中蜂病害防治技术

（一）欧洲幼虫腐臭病

欧洲幼虫腐臭病又叫烂子病，又称“黑幼虫病”“纽约蜜蜂病”，是蜜蜂幼虫的一种恶性、细菌性传染病，其传播迅速，危害性大，一旦发病，巢内幼虫不断死亡，出房新蜂减少，新老蜂接代脱节，群势下降，往往形成蜂群春衰，严重影响春季养蜂收入。中蜂较为普遍发生，而西蜂则较少发生。

【病　原】致病菌为多种革兰氏阳性细菌，主要有蜂房链球菌、蜂房芽孢杆菌及蜂房杆菌，其中以蜂房链球菌为主要致病菌，菌体呈梅花络状（披针形），因无鞭毛而不活动，这些病菌主要通过蜜蜂相互接触而传染。蜜蜂幼虫为主要感染对象，各龄及各品种未封盖的蜂王、工蜂、雄蜂幼虫均可感染，尤以1～2日龄幼虫最易感，成蜂不感染（图6–1）。东蜂比西蜂易感，在我国以中蜂发病最为严重。

图6–1　欧洲幼虫腐臭病（曹兰 摄）

蜂房蜜蜂球菌主要是通过蜜蜂消化道侵入体内，并在中肠腔内大量繁殖，患病幼虫可以继续存活并可化蛹。但由于体内繁殖的蜂房蜜蜂球菌消耗了大量的营养，这种蛹很轻，难以成活。患病幼虫的粪便排泄残留在巢房里，又成为新的传染源，内勤蜂的清扫和饲喂活动又可将病原传染给健康的幼虫。通过盗蜂和迷巢蜂也可使病害在蜂群间传播，蜜蜂相互间的采集活动及养蜂人员不遵守卫生操作规程，都会造成蜂群间病害的传播。

该病全年都可发生，多发于春季和秋季，在气温较低、保温不足、蜂群较弱、粉蜜源缺乏情况下容易发病和加重病情。尤其是在蜂群春繁时期，由于阴雨天多、湿度较大、温度较低，因而发病快而严重。

【诊　断】欧洲幼虫腐臭病发生的先决条件是群势弱，蜂巢过于松散，保温不良、饲料不足，蜂房蜜蜂球菌快速繁殖，促成疾病的暴发。

（1）临床诊断　欧洲幼虫腐臭病多发生在早春，1～2日龄的幼虫感染后，经2～3天潜伏期，多在3～4日龄未封盖时死亡；病虫失去珍珠般的光泽成为水湿状、水肿、发黄，体节逐渐消失，有些幼虫体卷曲呈螺旋状，有些虫体两端向着巢房口或巢房底，还有一些紧缩在巢房底或挤向巢房口；腐烂的尸体稍有黏性但不能拉成丝状，具有酸臭味；虫尸干燥后变为深褐色，用镊子很容易将病虫夹出，不拉丝，易被工蜂消除，所以巢脾有插花子脾，蜂群越来越小。

（2）实验室诊断

①微生物学诊断

革兰氏染色镜检：挑取可疑幼虫尸体少许涂片，用革兰氏染色，镜检。若发现大量披针形、紫色、单个、成对或成链状排列的球菌，可初步诊断为该病。

致病性试验：将纯培养菌加无菌水混匀，用喷雾方法感染1～2天的小幼虫，如出现上述蜜蜂欧洲幼虫腐臭病的症状，即可确诊。

②显微镜诊断　挑出已移位扭曲但尚未腐烂的病虫，置载玻

片上，用两把镊子夹住躯体中部的表皮平稳地拉开，将中肠内容物留在载玻片上，里面有不透明、白垩色的凝块。挑出凝块，按细菌染色法染色，观察可见大量病原菌。

③血清学诊断　用预先制备好的欧洲幼虫腐臭病的兔抗体血清与病幼虫提取液进行沉淀反应。若在 1～2 分钟内，在血清和提取物的界面上呈现浅蓝色的浑浊环即为阳性反应，确诊为欧洲幼虫腐臭病。

【防　治】

（1）预防　春季注意合并弱群，做到蜂多于脾；彻底清除患病群的重病巢脾，同时在春繁前期外界无新鲜粉蜜源时，及时补充蛋白质饲料和维生素 C 、B 族维生素等，补充蜜蜂营养，增加体力，提高蜂群抗病能力。

对病情较轻的蜂群，周围如有良好蜜源，病情会有好转，也可采用抖落脾上的蜜蜂后剔除病虫的方法；患病严重的蜂群，应先给病群更换蜂箱和饲喂器槽，对换下来的蜂箱、巢脾、饲喂器槽等全部用 4% 甲醛溶液进行彻底消毒处理；再更换产卵力强的新蜂王，补充卵虫脾；后将土霉素掺糖浆饲喂蜂群，每隔 4～5 天喂 1 次，1 个疗程 3 次。

（2）药物治疗

①盐酸土霉素可溶性粉　每群 200 毫克（按有效成分计）与 1∶1 糖浆适量混匀饲喂，隔 4～5 天 1 次，连用 3 次，采蜜前 6 周停止给药。

②土霉素、链霉素、四环素等

早春喂花粉时，将 10 万单位（四环素为 5 万单位）的上述药物兑在 1 千克调制好的花粉中，做成花粉条喂蜂，用来防治欧洲幼虫腐臭病，可以避免污染蜂产品。

用上述药物兑水 2 升带蜂喷脾（只喷病群的子脾），2 天 1 次，2～3 次可治愈欧洲幼虫腐臭病。

用上述药物一日量兑 1 千克糖浆，按每框蜂 25～50 克剂量饲喂蜂群，每隔 3 天喂 1 次，连续喂 3～4 次。每次要少喂，以减少对蜂产品的污染。

③蒜醋溶液　将 1 千克大蒜头捣烂成泥，然后加入等量的用粮食酿制的米醋（不宜用化学醋）搅匀后浸 24～36 小时。在 1 千克糖浆中加入蒜醋溶液 60～100 克喂蜂。每晚喂 1 次，连喂 4 次。隔 3～4 天再连喂 4 次，直至痊愈为止。

（二）囊状幼虫病

囊状幼虫病又称“尖头病”“囊雏病”，是病毒引起的一种蜜蜂幼虫恶性传染病，多流行于夏、秋高温季节，其危害大，传染快，蜂群患病后轻者影响蜂群的繁殖和采集，重者会造成全场蜂群覆灭，对养蜂业发展影响严重，在世界范围内普遍发生。西蜂对该病的抵抗力较强，感染后常可自愈；东蜂对该病的抵抗力弱，传播速度快，危害大，发生较普遍。

【病　原】 蜜蜂囊状幼虫病病原是蜜蜂囊状幼虫病毒，病毒在成年蜂体内繁殖，特别是在工蜂的咽下腺和雄蜂的脑内积聚，染病幼虫在封盖前一直保持正常的状态，直到前蛹期死亡。蜂群中带病毒的成年蜂是病害的传播者，而被污染的饲料（蜜、粉）是病害传染的来源，但病毒的传播途径较为复杂。

按病毒传播的范围来看，可以把病毒的传播途径大体归纳为蜂群内传播、蜂群间传播、蜂场间传播和地区间传播 4 个途径。病毒在蜂群内的传播途径为病死幼虫及被污染的饲料（蜂蜜和花粉）、巢脾和蜂具；患病蜂群内工蜂清理病死幼虫尸体时感染病毒，带毒的工蜂则成为病毒的传播者，在饲喂幼虫时，便将病毒传播给健康幼虫，使其发病；病毒在蜂场内蜂群间的传播途径为病毒通过蜜蜂在采集活动中的相互接触传染给健康蜂群，或者病毒通过蜂场上的盗蜂和迷巢蜂及巢脾的相互调动等人为活动进行传播；蜂场间病毒的传播一般是由于从病区引入带病蜂王后引起本地蜜蜂患病，或者发病区的蜜蜂转地饲养后引起本地蜜蜂发病，或者由于购买了被病毒污染的饲料，引起全场蜜蜂发病；而蜜蜂囊状幼虫病在地区间的传播则是由于转地放蜂、购买带毒蜂王及购买被病毒污染的饲料引起，地区间传播发病一般在很多地区同时发病，危害更大。

【诊　断】

（1）临床诊断　该病最易感染 2～3 日龄幼虫，幼虫感染初期，无明显症状，体色略呈苍白色，在巢内和蜂箱前可看到拖出的病死幼虫；染病幼虫在封盖前死亡后头部上翘，体表失去光泽，呈浅黄褐色，巢脾中出现“白头蛹”现象；表皮增厚，逐渐变软呈袋状或囊状；染病幼虫在封盖后死亡后巢房下陷，中间穿孔，子脾中出现“花子”或埋房现象；蜂尸不腐烂，没臭味，逐渐干枯呈龙船状鳞片，易被工蜂清除；成年蜂感染本病后一般不表现出临床症状。

（2）实验室诊断　对成年蜂感染及蜂群隐性感染的诊断只能依赖荧光定量聚合酶链式反应（PCR）等实验室诊断方法。

这种方法是依据 TaqMan 荧光标记探针技术原理，针对蜜蜂囊状幼虫病毒保守序列，设计出一对特异性引物和一条探针，建立的一种快速检测蜜蜂囊状幼虫病毒的诊断方法。此方法对蜜蜂囊状幼虫病的检测具有较好的特异性，与蜜蜂急性麻痹病毒、蜜蜂慢性麻痹病毒、蜜蜂残翼病毒和黑蜂王台病毒之间均无交叉反应。检测灵敏度很高，可对低病毒含量的样品进行准确检测。重复性和稳定性试验结果显示其具有较好的重复性和稳定性。此方法适用于蜜蜂及其制品中蜜蜂囊状幼虫病毒的快速诊断。

【防　治】

（1）预　防

①严格消毒　在蜂场及四周用 5% 漂白粉混悬液或用 10%～20% 石灰乳定期喷洒，保持蜂场清洁；蜂尸及其他脏物清扫后要烧毁或深埋；定时刮除巢框及蜂箱内的蜡屑、残胶物，并对蜂箱、蜂具进行严格消毒处理。

②加强饲养管理

稳定巢内温度：在晚秋和早春加强保温，以减少蜂群内温度变化的幅度，避免蜂群受冻、保持蜂脾相称或蜂略多于脾，以提高蜂群的抗病力，减少病害发生。

群内留足饲料：为保证蜂群正常生活和幼虫发育正常，要保持群内蜜粉充足，尤其在蜂群大量繁殖期间，应补充营养物质如花粉、维生素，以增强蜜蜂对疾病的抵抗力。

及时“三换”：换上清洁蜂箱，治疗期间5天一换箱；老巢脾经过几代工蜂的孵化，巢脾上留有茧衣，使巢房眼缩小，这样的巢脾培育的工蜂个体小，更换新脾后，病群要及时换入健康蜂群蜜脾及正常子脾，抽掉烂子脾；病情缓和下来后，立即换上无病群新王。

③选抗病蜂种　购买优良种王，早养王、早分蜂、早换王，淘汰病群中蜂王和雄蜂。

（2）药物治疗

①中草药药方

方一：黄连50克，黄芩100克，茵陈100克，蒲公英100克，紫草50克。煎汁兑1∶1糖水，秋繁时开始喂，直到封盖。

方二：茯苓500克，紫草500克，板蓝根500克，金银花500克，紫花地丁500克，枯矾250克，黄柏250克，罂粟壳250克，利福平胶囊200粒。加工成粉末，用双层螺纹纱布或丝光袜子装药剂，将药粉撒在发病前、发病期或发病后的无病症的子脾上，7天1次，连续3次为1个疗程，可治600脾蜂。

方三：虎杖10克，罂粟壳6克，山豆根10克，甘草5克，贯众10克。文火煎药，去渣，混入1500毫升白糖水中调匀，每日傍晚给每群蜂喂50克，直到痊愈；再用此药巩固治疗20天，可防止此病复发；早春趁巢内无子时，用此药预防10天，可减少发病概率。

方四：皂刺100克，紫花地丁100克，铧头草200克，过路黄100克，夏枯草100克。均为鲜草药，微火煎熬。用药汁喷子脾或加糖饲喂，7天为1个疗程，间隔2～3天，用药1个疗程，可控制该病的发生。

方五：南刺五加（干品）100克，虎杖70克，南天竹50克，树舌20克，水煎2次，煎汁混合，预防用药可治100脾蜂，初秋和早春连续喂7天，平时每15天连续用2晚；作治疗药可用于50脾蜂，每晚1次，10天为1个疗程，病情未愈，可连续用药3个疗程。药汁喷脾比饲喂要好，饲喂的药汁中，须加适量蜜或糖。

煎药用品以陶瓷罐为好，药物加水量为每1剂用水500毫升，或视水略高于药面也可。煎药时注意加盖，先用大火，继以小火，煎1小时左右。药汁如久贮，须加尼泊金乙0.03%以防腐。

方六：贯众、苍术、罂粟壳各50克，青木香30克，甘草20克，水煎取汁喷洒可治10框病蜂。

方七：贯众50克，金银花50克，延胡索20克，甘草10克，黄连5克，水煎，取汁喂蜂（按照1∶1加糖可喂40～50群蜂）。

方八：贯众、金银花、半枝莲、野菊花、蒲公英、大青叶各适量煎水兑糖，加维生素、多酶片各3片喂蜂4～5次。

②蜂产品防治

蜂王浆　对患病率在40%左右的蜂群（2～3脾蜂），可饲喂蜂王浆，每脾蜂用10克蜂王浆和10克蜂蜜调匀后直接喷在蜂脾上，让蜜蜂自由采食，每日傍晚饲喂。连续喂5次，可见到明显的效果，喂12天后，患病率则降低至10%。此后不再喂蜂王浆，2个月后症状基本消失，并可逐渐发展成强群。

蜂胶液　将已封盖的患病子脾全部削去，留下未封盖的卵虫脾和蜜脾，然后用蜂胶液对工蜂、卵、幼虫及蜜脾进行喷雾。凡脾上有卵和幼虫的部位用药量增大1倍，每脾用药量为1.5毫升，2天喷1次，连续喷4次。此后改为7天喷1次，连续喷3次即可，整个疗程共28天（切记时间不可错，喷药时间为第1、3、5、7、

14、21 和 28 天）。预防健康群或已愈群时，每月用蜂胶喷脾 1 次即可达到效果。

蜂胶液的配备：75% 乙醇 1 000 毫升加入蜂胶 120 克摇匀，48 小时后，可得所需蜂胶饱和液，将上层澄清液倒入喷雾器喷脾。

③药物防治

中囊灭：将中囊灭制剂 25～30 克倒入大口玻璃瓶内，瓶子直径为 50～60 毫米，瓶口必须用塑料纱封口，再用 24# 铅丝扎紧，防止工蜂钻入瓶内。按意蜂标准箱可放 1～2 个瓶子，蜂群强要少放，必须留空处放入箱内，也可将蜂脾夹在中间，隔板外各放 1 个瓶子，巢门可缩小为 20～30 毫米，另在箱的纱盖下盖上一张大于箱体的塑料纸，可让药不挥发而起到最佳灭毒作用。“中囊灭”一般放入箱内 10～30 天不等，预防中囊病在箱内放 10～15 天即可；也可将“中囊灭”倒入瓶内密封保管备用。

撒药粉时兼喂拌药糖浆：半枝莲、甘草各 50 克，煎 3 次滤液 500 克，加白砂糖 500 克，可喂蜂 10～15 框。

注意：市场上也有许多治疗中蜂囊状幼虫病的药物，一定要选具有批文批号的正规厂家的产品使用。

（三）蜜蜂败血症

蜜蜂败血症是一种急性传染病，发病较快，传染迅速，死亡率高，多发于春、夏季，特别是气温突然下降的情况下容易发生；发病严重时，一般 3～4 天就可使整群蜜蜂死亡。该病在世界许多国家都有发生，在我国仅个别蜂场有零星发生。

【病　原】病原为蜜蜂败血杆菌，是一种多态型杆菌，具周生鞭毛，不形成芽孢。该菌为兼性需氧菌，生长的最适温度为 20～37℃，对不良环境抵抗力较差；该病菌在蜜蜂尸体里，可存活 1 个月，在潮湿的土壤里能存活 8 个月以上，经甲醛蒸气处理，7 小时可杀灭，在 100℃下，仅 3 分钟就可杀死。

蜜蜂败血杆菌主要是通过蜜蜂节间膜或气门侵入体内。蜜蜂败血杆菌广泛分布于污水及土壤中，由于蜜蜂经常在污水边或畜棚、厕所附近采水或盐，极易沾染病菌并带入蜂群，通过接触传染。

蜜蜂败血病的发生与季节及气候变化关系较密切。该病多发生于春、夏季，秋季很少发生。发病的适宜条件是高温和潮湿。多雨季节、蜂箱内湿度过大及饲料品质较差的情况下，易发病。

【诊　断】

（1）临床诊断　患病蜂大多是幼年蜂。病蜂烦躁不安，不取食、不能飞；腹部膨大，体色发暗，有时出现肢体麻痹、腹泻等症状；患病严重的蜂群，可在蜂箱底或巢门前看到大量死蜂及病蜂排泄的粪便，并发出恶臭气味；死亡的蜜蜂，尸体肌肉迅速腐烂变软、发黑，在潮湿的环境下，尸体出现肢体关节分离，即死蜂头、胸、腹、翅断开；病蜂的血淋巴呈乳白色，浓稠状，胸部气孔变成黑色。

（2）实验室诊断　取可疑为患败血症的蜜蜂数只，解剖腹部观察，病蜂肠道呈灰白色，其内充满深褐色稀糊状粪便；然后去掉头部，取胸部肌肉一块，用镊子轻轻挤压，或用解剖剪剪去病蜂后足胫节，将流出的血淋巴涂于载玻片上，在1000～1500倍显微镜下观察，若发现血淋巴呈乳白色浓稠状，并观察到较多短杆菌时，即可确诊为败血症。

【防　治】

（1）预　防

①选择地势高燥、背向阳光、空气流通的地方作为放蜂场地，场内常年设置饮水器，以防止蜜蜂采集污水感染。患病严重的蜂群要进行换箱换脾，将未封盖的蜜脾撤出，对换下来的蜂箱进行严格消毒，放蜂场地要经常用菌毒清或生石灰进行喷撒消毒。

②春季奖励饲喂时，在饲料添加CM健蜂高产活菌液，可增强蜂群对该病的抵抗力。

③发病季节，在1∶1的糖浆添加0.3%～0.5%菌毒清或百菌杀对蜜蜂败血病具有很好的预防和治疗效果。

（2）药物治疗

①中草药治疗

方一：黄连15克，黄芩10克，黄柏10克，甘草5克。加500毫升水煎至200克，对蜂蜜脱蜂喷脾，隔天1次，连续3次，或按药汁∶糖=1∶2比例调和后饲喂也可以。

方二：黄连20克，黄柏20克，大黄15克，穿心莲30克，金银花30克，茯苓20克，麦芽30克，龙眼3克，五加皮20克，蒲公英10克，野菊花15克，青黛20克。加水3000毫升，煎0.5小时后取液；再加3000毫升水，用微火煎15分钟后，倒出与第一次药汁混合，按糖∶药汁=1∶1比例混合，可喂40～50群蜂，3天1次，4次为1个疗程。

②药物治疗

每千克糖浆内加入土霉素10万单位，每框蜂饲喂药物糖浆50～100毫升，每隔4～5天1次，连续3～4次为1个疗程。

每千克糖浆（糖水比为1∶1）中加磺胺噻唑钠1克，调匀后喂蜂或喷脾，用量按每框蜂每次50～100克计算。每隔3～4天1次，可连续2～3次。

每千克糖浆（糖水比为1∶1）加入林可霉素10万～20万单位，调匀后，喂蜂或喷脾，每隔3～4天1次，连用3次。

（四）蜜蜂麻痹病

蜜蜂麻痹病又叫黑蜂病、瘫痪病，是一种成年蜜蜂传染病。这种病传染快，病性重，比较顽固难治，在我国发生十分普遍。从发病程度来看，一个地区，甚至一个蜂场发病情况差异也较大，发病轻微的病群，有时仅有少数病蜂出现，蜂群经转地后，遇到较好的蜜源条件，往往可以得到暂时自愈，但遇到适宜的发病条件时，病情仍会复发；重者每日每群死蜂数百至数千只，蜜蜂大量死亡，蜂群群势严重下降，有的造成整群蜂死亡，导致蜂场毁灭。因此，该病不仅直接影响蜂蜜和王浆的产量，降低收入，而且严重阻碍蜂群发展。

从全国来看，一年之中有春季和秋季两个发病高峰期，发病时间由南向北、由东向西逐渐推迟。在我国南方麻痹病最早出现在 1～2 月份，而东北最早出现在 5 月份，江浙地区 3 月份开始出现病蜂，而在西北地区则于 5～6 月份开始出现病蜂。

【病　原】 引起蜜蜂麻痹病的病毒有多种，主要是蜜蜂慢性麻痹病病毒和急性麻痹病病毒两种。慢性麻痹病病毒可在成年蜜蜂的头部、胸部、腹部神经节的细胞质内增殖，在肠、上颚和咽腺内也可增殖，但在脂肪细胞和肌肉组织内不出现；急性麻痹病病毒在被感染的成年蜂脂肪体和脑细胞质中能看到，在 35℃条件下可在被感染的蜂体内大量聚集，在 30℃条件下被感染的蜜蜂则迅速死亡。

麻痹病在蜂群内的传播途径主要是通过蜜蜂的饲料交换传染；而在蜂群间的传播途径则主要是通过盗蜂和迷巢蜂传播。阴雨天气过多、蜂箱内湿度过大，或久旱无雨、气候干燥，都会导致该病发生，健康蜂还可通过与染病蜂接触和采食被污染的饲料而发病。

【诊　断】 该病主要发病季节为春、秋两季，发病快，传播迅速，尤其当外界蜜、粉源缺乏，蜜蜂个体抗病性相对较弱时可迅速导致全场发病。

成年蜂神经细胞直接受该病病毒损害，造成病蜂麻痹痉挛，行动迟缓，身体不断地抽搐颤抖，丧失飞行能力，翅和足伸开，振翅虚弱，无力地爬行，有的腹部膨大，有的身体瘦小，常被健康蜂逐出巢门之外，到后期则体表发黑，绒毛脱光，腹部收缩，如油炸过的一样。

主要表现为影响成年蜂的寿命，大多数染病蜂群 3～4 天出现病状，4～5 天后开始大量死亡。感染该病的病蜂主要表现两种症状：春季以“大肚型”为主，主要表现为腹部膨大，身体不停地颤抖，翅与足伸开呈麻痹状态，不能飞翔；秋季以“黑蜂型”为主，具体表现为身体瘦小，绒毛脱落，像油炸过似的，全身油黑发亮，腹部尤其黑，反应迟缓，失去飞翔能力，不久便衰竭死亡。

【防　治】

（1）预　防

①培育抗病蜂种　要选育抗病的和耐病的蜂种，选择健康无病的蜂群培育蜂王，提高蜂群的自身抵抗能力。

②及时处理病蜂　要经常检查蜜蜂的活动情况，如发现有的蜜蜂出现麻痹病症状，立即采用换箱方法，将蜜蜂抖落，健康蜂迅速进入新蜂箱，而病蜂由于行动缓慢，留在后面，可集中收集将其杀死，以免将麻痹病传染给健康蜂；对患病蜂群的蜂王，可选用由健康群培育的蜂王更换，以增强蜂群的繁殖力和对疾病的抵抗力，仍是目前行之有效的措施。

③防止蜜蜂采食被污染的饲料　在自然界缺少蜜粉源时，要及时补助饲喂，补给一定量的奶粉、玉米粉、黄豆粉，并配合多种维生素，以提高蜂群的抗病力，对蜜蜂要饲喂无污染的优质饲料以减少患病危险；如果蜜源植物已被污染，就要迅速离开污染源。

④更换清洁的新蜂箱　要经常对蜂箱进行消毒，每隔6天左右1次，方法是用10克左右的升华硫粉，均匀地撒在框梁上、巢门口和箱门口。同时，越冬期要加强蜂箱保温，严防蜂群受潮。

（2）药物治疗

①生川乌10克，五灵脂10克，威灵仙15克，甘草10克。加水适量煮沸，煎药3次，澄清后加糖，口感有点甜即可。用喷雾器斜喷蜂体，见雾即停，逐脾喷治，每天3次，喷治3天后停1天，第五天即可见效。

②蜂胶酊：先用1倍清水稀释蜂胶酊，然后将稀释的蜂胶酊

洒在巢脾、蜂箱四边的蜜蜂体上，3～5天1次，连续治疗5次后，麻痹病症状逐渐消失。

③升华硫：按照每群每次7克的用量将升华硫撒于蜂路、框梁或箱底，对该病进行预防；对患病蜂群每群每次用10克升华硫，撒在蜂路、框梁或箱底。

④每千克糖浆加20万单位金霉素或新霉素，每框蜂每次喂50～100克，隔3日1次，连续3～4次；摇匀后喷到蜂脾上，每隔2天喷1次，连续喷2～3次。

⑤ 4%酞丁胺粉12克，加50%糖水1千克，每10框蜂群用250毫升药液喷脾，2天1次，连用5次，采蜜期停止使用。

（五）蜜蜂蛹病

蜜蜂蛹病又称“死蛹病”，是危害我国养蜂生产的一种新的病毒性传染病。

各地区和各蜂场之间发病程度差异较大，患病蜂群常出现“见子不见蜂”的现象，轻则仅有个别蜂群少量蜂蛹死亡，如此时外界蜜粉源丰富，蜂群群势较强，辅以更换蜂王措施，病情则可得到控制；严重病群，由于大量蜂蛹死亡，采集蜂数量减少，蜂群生产力下降，蜂蜜和蜂王浆的产量大幅度降低；若发病率高达30%～50%，则蜂群完全失去生产能力，并且很难维持蜂群的生存，最终导致整群蜂死亡。

【病　原】病原为蜜蜂蛹病毒，蜜蜂蛹病毒在大幼虫阶段侵入，幼虫期感染，蛹期死亡。蜂群中的病死蜂蛹及被污染的巢脾是蜜蜂蛹病的主要传染源，患病蜂王是该病的又一重要传染途径。

该病意蜂发生较普遍，受害较重，喀蜂和东北黑蜂发病较轻，中蜂则很少发生；老蜂王群易感染，年轻蜂王群发病较少；同时，当早春或晚秋外界蜜粉源缺乏或使用劣质饲料喂蜂，蜜蜂处于饥饿状态营养不良，遇阴雨或寒潮时易发生。

【诊　断】

（1）**蜂箱外观察**　患病蜂群工蜂表现疲软，采集力明显下降，出勤率降低，在蜂箱前场地上可见到被工蜂拖出的死蜂蛹或发育不健全的幼蜂，病情严重的蜂群会出现蜂王自然交替或飞逃，则可疑为患蜂蛹病。该病对蜂蜜和蜂王浆产量影响很大。

（2）**蜂群内检查**　提取封盖巢脾，抖落蜜蜂，若发现封盖子脾不平整，多数巢房盖被工蜂咬破，露出死蛹，头部呈“白头蛹”状或有“插花子脾”现象；且工蜂分泌蜂王浆和哺育幼虫能力降低；死亡的工蜂蛹和雄蜂蛹多呈干枯状，也有的呈湿润状，发病幼虫失去自然光泽和正常饱满度，体色呈灰白色，并逐渐变为浅褐色至深褐色，尸体无臭味，无黏性，出现上述症状即可初步诊断为患蜂蛹病。

（3）**与其他病害的区别**　蜜蜂蛹病的病状常易与蜂螨、巢虫危害造成的死蛹及囊状幼虫病、美洲幼虫腐臭病病状相混淆，可根据其特征加以区分。

受蜂螨危害的蜂群常出现幼蜂翅残缺或蜂蛹死亡，此种情况可在蜂体及巢房内的蜂蛹和幼虫体上检查到较多数量的大蜂螨和小蜂螨；受巢虫危害的蜂群，一般是弱群受害较重，常出现成片封盖巢房被工蜂开启，死蜂蛹头部外露，呈“白头蛹”状，拉出死蛹后可见到巢虫；囊状幼虫病多出现在大幼虫阶段，死亡幼虫呈典型囊状袋，头部上翘，而蜂蛹病无此症状；受美洲幼虫腐臭病危害的蜂群也会出现死亡蜂蛹，其典型特征是死蛹吻伸出，而患蛹病死亡的蜂蛹无此症状。

【防　治】

（1）**预　防**

①选育抗病蜂种，更换蜂王　蜜蜂品种之间抗病性有差异，同一品种不同蜂群抗病力也不一样，在病害流行季节，有些蜂群发病严重，有些蜂群发病轻微，而有些蜂群却不发病。在生产实践中选择无病蜂群作为种蜂群，培育蜂王，用以更换病群的蜂

王，以增强蜂群对蜂蛹病的抵抗力。

②加强饲养管理，创造适宜蜂群发展的环境条件　保持蜂群内蜂脾相称或蜂多于脾，蜂数密集，加强蜂巢保温，经常保持蜂群内有充足的蜜粉饲料，当外界蜜粉源缺乏时，须给蜂群喂以优质蜂蜜或白糖，并辅以适量的维生素、食盐。

此外，还应注意保持蜂场卫生，清扫拖出蜂箱外的死亡蜂蛹集中烧毁，以消灭传染源。同时，注意勿将病脾调入健康群，避免造成人为传染。

③消毒措施　每年秋末冬初，患病蜂场应对换下的蜂箱及蜂具用火焰喷灯灼烧消毒。对巢脾用高效巢脾消毒剂浸泡消毒，100 片药加水 2 000 毫升，浸泡巢脾 20 分钟，用摇蜜机将药液摇净，换清水 2 次，每次 10 分钟，摇净清水后晾干备用。

（2）药物治疗

①巢脾和蜂具经消毒处理并换以优质蜂王的蜂群，喷喂防治药物蛹泰康，每包药加水 500 毫升，每脾喷 10～20 毫升药液，每周 2 次，连续 3 周为 1 个疗程，该病可很快治愈。

②黄柏 10 克，黄芩 10 克，黄连 10 克，大黄 10 克，海南金不换（可用延胡索替换）10 克，五加皮 5 克，麦芽 15 克，雪胆 10 克，党参 5 克，龙眼 5 克。每剂加水 1.5 千克煎熬，药液以 1∶1 比例加入糖浆中，喂蜂 300 框，每天傍晚喂 1 次，连续 3 次为 1 个疗程；3 天后再喂 1 个疗程即可。

三、蜜蜂敌虫害控制

（一）蜂　螨

蜂螨是一种严重危害蜜蜂的体外寄生虫，分大蜂螨和小蜂螨 2 种，是西蜂的主要寄生性敌害，中蜂有时也会遭到侵害，危害中蜂的主要是小蜂螨。由于小蜂螨的侵袭，中蜂常表现为残翅、体弱、在地上乱爬，往往被误认为是“爬蜂病”。全球蜜蜂均受到蜂螨侵害，蜂螨的抗药性和危害性已引起世界养蜂业的广泛关注。

【生物学特性】

（1）**大蜂螨**　大蜂螨学名狄斯瓦螨，原始寄主是东蜂，在长期协同进化过程中，已与寄主形成了相互适应关系，在一般情况下其寄生率很低，危害也不明显。直到20世纪初，西蜂引入亚洲，大蜂螨逐渐转移到西蜂群内寄生，并造成严重危害，才引起人们高度重视。1952年，前苏联首次报道在其远东地区的西蜂群中发现大蜂螨的侵染。20世纪60年代后，由于地理扩散和引种不慎等原因，大蜂螨由亚洲传播到欧洲、美洲、非洲和新西兰。如今，除澳大利亚、夏威夷和非洲的部分地区还没有发现大蜂螨外，全世界只要有蜜蜂生存的地方就有大蜂螨的危害。

大蜂螨发育过程有卵、幼虫、前期若虫、后期若虫、成虫5种虫态，其生活史归纳起来可分为体外寄生期和蜂房内繁殖期两个时段，蜂螨完成1个世代必须借助于蜜蜂的封盖幼虫和蛹来完成。对于常年转地饲养和终年无断子期的蜂群，蜂螨全年均可危害蜜蜂；而在北方地区的蜂群，冬季有长达几个月的自然断子期，蜂螨就寄生在工蜂和雄蜂的胸部背板绒毛间或翅基下和腹部节间膜处，与蜂团一起越冬，在翌年春季外界温度开始上升、蜂王开始产卵育子时，成年雌螨从越冬蜂体上迁出，进入幼虫房，开始继续危害蜂群。成年雌螨主要寄生在成年蜜蜂体上，靠吸食蜜蜂的血淋巴生活，雄螨则完全不取食，它在封盖的幼虫巢房中与雌螨交尾后立即死亡；卵和若螨寄生在蜂蛹房中，以蜜蜂虫和蛹的体液为营养生长发育。

大蜂螨的传播方式主要是群体间接触如采集蜜粉、工蜂迷巢、蜂群互盗。而人为方面，调整子脾、群势强弱互补、摇蜜后子脾混用、有螨群和无螨群蜂机具混用都可造成螨害的迅速蔓延。春季蜂螨少，随着群势增长，其数量逐渐增加；初秋最多；冬季伴随蜂群以成年螨形态在蜂群内越冬。

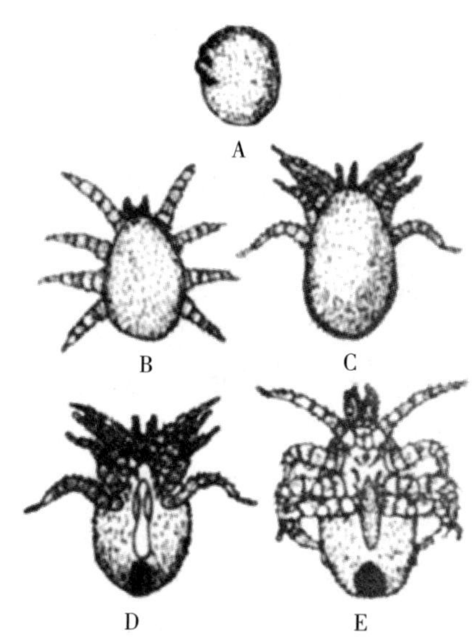

图 6–2　**小蜂螨**（摘自《中国蜜蜂学》）
A. 卵　B、C. 前期若螨　D. 雌成螨　E. 雄成螨

（2）**小蜂螨**　小蜂螨是亚洲地区蜜蜂科的外寄生虫（图 6–2），原始寄主是大蜜蜂，但是小蜂螨能够转移寄主，感染蜜蜂科的西蜂、黑大蜜蜂和小蜜蜂。据报道，东蜂中已发现小蜂螨，但还未见其在东蜂幼虫上繁殖的报道。

小蜂螨主要生活在大幼虫房和蛹房中，靠吸食蜜蜂幼虫的血淋巴生长繁殖；在被感染的蜂群中，交尾后的雌螨首选雄蜂房产卵，雄蜂房通常是 100% 被寄生，很少在蜂体上寄生，在蜂体上只能存活 2 天；当一个幼虫被寄生死亡后，小蜂螨又可以从封盖的幼虫房内穿孔中爬出，重新潜入其他幼虫房内产卵繁殖；在封盖房内新繁殖生长的小蜂螨就会随着幼蜂出房一起爬出来，再潜入其他幼虫房内继续寄生繁殖。

小蜂螨蜂群间的自然扩散主要依靠成年工蜂传播，即错投、盗蜂、迷巢蜂和分蜂等，这是一种长距离的缓慢传播；但是小蜂螨的传播主要归因于养蜂过程中的日常管理，蜂农的活动为小蜂螨的传播提供了方便，如受感染的蜂群和健康蜂群的巢脾互换、蜂机具混用等，使得小蜂螨在同一蜂场的不同蜂群和不同蜂场间传播。在转地商业养蜂中，感染蜂群经常被转运到其他地点，这是小蜂螨传播最快最主要的一种方式。

【危　害】

（1）**大蜂螨**　大蜂螨主要危害成年蜜蜂，全年在蜂群内寄生繁殖，寄生在工蜂身上吸取营养，在感染初 2～3 年内对蜂群生产能力无明显影响，亦无临床症状，但到第四年，蜂群的蜂螨数量能达到 3 000～5 000 只，致使成年蜂体质衰弱、烦躁不安，影响工蜂的哺育、采集行为和寿命，削弱群势，导致减产甚至全场蜂群毁灭；而受其危害的蜜蜂蛹虫常因不能正常发育而死亡，即使顺利出房的幼蜂也多为残翅、断翅、无翅的，丧失工作能力，在箱外或场地上到处乱爬，严重的会导致子烂群亡；受螨害的越冬蜂群抗干扰能力变差，蜂群骚动不安，饲料消耗多，易染病，死亡率高。

（2）**小蜂螨**　小蜂螨以吸食封盖幼虫和蛹的血淋巴为生，常导致大量幼虫畸形或死亡，子区幼虫不整齐，死亡幼虫和蛹尸体会特征性地向巢房外突出，并有腐臭味，封盖子脾出现穿孔现象；勉强羽化的成年蜂常表现出体型和生理上的损坏，包括寿命缩短、体重减轻及腹部扭曲变形、翅残或足畸形或无足等；蛹感染后通常具有较深的色斑，尤其在足和头腹部；由于工蜂会拖出受感染的虫、蛹或驱赶受感染的成蜂，在蜂群即将崩溃的时候，巢门口常会看到受感染的幼虫、蛹和大量爬蜂。

小蜂螨一般不在蜂群中过冬，夏、秋高温季节达到高峰，全年集中在 6～10 月份寄生繁殖。蜂螨繁殖周期短，繁殖快，若不及时防治，常引起“见子不见蜂”的现象，30 天左右就能使蜂场蜂群全部垮掉。

【防　治】大、小蜂螨应结合蜜源植物泌蜜特点进行防治。治疗蜂螨共分两个时期：断子期和繁殖期。治螨时，应使用国家允许的杀螨剂，最好几种杀螨剂交替使用。特殊管理结合化学防治，同时采用扣王断子和割除雄蜂脾等生物学防治措施综合治理。为保证螨寄生率常年控制在危害水平以下，即大流蜜前期螨寄生率控制在 5% 以下，每年用药次数 1～3 次为宜。大流蜜期前 1 个月停止给生产蜂群用药。

（1）**断子治疗**　在早春无子前、秋末断子后，或者结合育王断子和秋繁断子时间，用水剂杀螨药物喷洒巢脾，切断蜂螨在巢房的寄生途径。

常用杀螨药物有：杀螨剂 1 号、绝螨精、螨特灵等，按照药物说明比例稀释后装入喷雾器中喷洒防治。喷脾方法：将巢脾提出蜂箱后，取一张报纸，铺垫到蜂箱底部，然后再一手提巢脾，一手持喷雾器，喷雾器距离脾面 25 厘米左右，斜向蜜蜂喷射药物，巢脾两面喷完后，再放入原蜂箱中，直到整群蜜蜂全部完成喷脾，盖上蜂箱即可，第二天早晨打开蜂箱，卷出报纸，检查治疗效果。

（2）繁殖期治疗 在蜜蜂繁殖期，蜂群内卵、虫、蛹和成蜂均有分布，蜂群内既有寄生在成年蜜蜂体上的成螨，又有寄生在巢房内的螨卵、若螨，如果想既杀成螨又杀螨卵和若螨，就必须采取特殊的施药方法治螨。常用药物有氟氨氰菊酯、升华硫、杀螨剂等。

蜂群分巢轮流治螨：先将蜂群的蛹脾和幼虫脾带蜂提出，组成新群，重新诱入新的蜂王或者王台；然后将蜂王和卵脾留在原箱，带蜂群安定后，用杀螨剂喷雾治疗。新分群先治螨 1 次，待群内无子后再治疗第二次。

（3）升华硫治小蜂螨 夏季大小蜂螨同时危害蜂群，而小螨危害性更大，防治不力会出现爬蜂。小蜂螨的防治药物以升华硫为主。

①升华硫＋甲酸熏蒸剂 夏季时将升华硫＋甲酸熏蒸剂（200 克升华硫，1 毫升甲酸熏蒸剂 4 支）撒在隔王板上，每 5 天撒 1 次，连续 2～3 次。升华硫＋甲酸治螨要控制用药量，每次每箱约 2 克，过量会伤蜂，蜂王停产或见子不见虫。

繁殖越冬蜂时要将升华硫＋甲酸熏蒸剂和氟氨氰菊酯配合使用，用 200 克升华硫 +4 支 1 毫升甲酸熏蒸剂在隔王板上连续撒 2 次，5 天后再在巢箱挂半片氟氨氰菊酯，10 天后再挂半片。

②升华硫＋杀螨剂 将 500 克升华硫和 20 支杀螨剂兑入 4.5

升水中，充分搅拌，然后澄清，再搅匀备用。用羊毛刷浸入备用药液，提出后刷抹脱蜂后的巢脾脾面，脾面稍斜向下，避免药液漏入巢房内，刷完两面巢脾后，将巢脾换入蜂群即可。此配方可用于600～800框蜜蜂的治疗。

注意：不能刷抹幼虫脾，防止药粉落入幼虫房；刷抹药液要尽量均匀、薄少，防止产生爬蜂。

（二）巢　虫

巢虫是蜡螟的幼虫，又叫作“绵虫”，繁殖速度快，卵和幼虫生活力很强，是严重危害蜂群的一种敌害，轻则影响蜂群繁殖，重则造成蜂群飞逃。

【生物学特性】 蜡螟是一种蛀食性昆虫，常见有大蜡螟与小蜡螟两种，它们一生经历卵、幼虫、蛹和成虫4个阶段，在5～9月份危害最严重。蜡螟的发育周期随温度变化而不同，在30～40℃条件下，60天就可完成1个生命周期，但在低温条件下，则可延续3～4个月。一般情况下蜡螟在一年中可完成2～4个周期，即繁殖2～4代。

蜡螟白天隐藏在蜂场周围的草丛及树干缝隙里，夜间出来活动，雌蜡螟与雄蜡螟交尾也是发生在夜间。雌蜡螟交尾后3～10天开始潜入蜂巢，在蜂箱的缝隙里、箱盖处、箱底板上蜡渣里产卵。初孵化的幼虫很小，长约0.8毫米、线状、乳白色，仔细观察便能看到，故称蚁螟。蚁螟期的巢虫在干燥物体表面以磕头状快速爬行，无固定方向，尚能从空中悬丝下垂，十分活跃。但在表面湿度达饱和的物体上移动缓慢、吃力。巢虫的蚁螟期十分活跃，以箱底蜡屑为食，此时是其寻找寄生场所的主要时期。巢虫蚁螟孵化1天后即开始上脾，钻入巢房底部蛀食巢脾，孵化3天后的巢虫，则无四处乱串的现象，而是逗留在适宜生活的地方取食并逐步向房壁钻孔吐丝，形成分叉或不分叉的隧道，随着蚁螟虫龄的增大，巢虫幼虫老熟后，或在巢脾的隧道里，或在蜂箱壁上，或在巢框的木质部，蛀成小坑，结茧化蛹，再羽化成成虫，继续寻找蜂箱缝隙产卵繁殖，最终导致受侵害的蜜蜂幼虫不能封盖或蛹封盖后被蛀毁，子脾出现“白头蛹”现象；而尚未找到食物和适宜生活繁殖场所的蚁螟大多会因体内养分耗尽而夭亡。

【危　害】 巢虫主要危害群势较弱蜂群，并在巢脾中打蛀隧道、蛀食巢脾上的蜡质，并在巢房底部吐丝做茧，毁坏巢脾和蜂子，致使巢脾上出现不成片的“白头蛹”（图 6–3、图 6–4），严重时白头蛹可达子脾数量的 80% 以上，使贮存备用的巢脾变成一堆废渣。同时，巢虫在蛀隧道时常损伤蜜蜂幼虫的体表，致使蜂群感染疾病；巢虫还会危害蜂蛹，致使受害蜂蛹肢体残缺，不能正常羽化，勉强羽化的幼蜂也会因房底丝线困在巢房内。被害蜂群轻则出现秋衰，影响蜂蜜的产量和质量，严重的可致蜜蜂弃巢飞逃，给蜂场造成严重损失。

图 6–3　巢虫（曹兰 摄）

图 6–4　被巢虫侵害过的子脾（曹兰 摄）

【防　治】

（1）预　防

①加强蜂群管理　饲养强群，保持蜂多于脾；随时保持巢脾上有充足的蜜和粉；选用优质蜂王，采用清巢力较强、能维持强群和抗巢虫力较强的蜂种，以增强蜂场内的遗传优势，提高蜂群抵抗病虫害的能力；及时更换新脾，淘汰旧脾，可以有效地消除

巢虫的生存空间。

②定期清理箱底，保持箱内干净　捕杀成蛾与越冬虫蛹，清除卵块。在每年春繁时期，对蜂场进行全面清扫，彻底清扫箱体，烧开水浇灌箱底以杀死虫卵；在夏、秋季节，对有巢虫危害的蜂群，脱蜂抽出受害的封盖子脾，阳光暴晒 5～15 分钟后，巢虫会爬到脾面上，用镊子取出杀死；在冬季最寒冷时段，把箱、脾置于户外霜冻，杀灭巢虫卵及幼虫；被巢虫危害严重的蜂群，可从未受到危害的蜂群中抽 1～2 张健康子脾进行换脾，再把换下的巢脾销毁或化蜡。

③消毒　用 36 毫克 / 升二溴乙烯对巢脾熏蒸 1.5 小时或用 0.02 毫克 / 升氧化乙烯熏蒸巢脾 24 小时；用 40% 氯化钠溶液浸泡蜂箱；此外，冰醋酸、硫磺（二氧化硫），均可用于熏蒸巢脾杀死蜡螟。

④驱避　在易生巢虫的箱内放中草药吴茱萸或者槟榔在蜂箱底部，在巢虫侵害繁殖期内定期更换，对蜡螟可起到驱避和预防巢虫的作用。

（2）药物治疗　使用当前市售巢虫净、巢虫清木片、药物熏蒸以及中草药等方法综合防治。依据病情选择合适的治疗措施。对遭受巢虫危害严重的蜂群，可用专杀巢虫的药物“巢虫净”进行防治，方法是取巢虫净 5 克，加水稀释至 1.5 千克，喷洒巢脾，晾干后保存，每袋可治 300 张脾，1 周后再喷 1 次，一般可保持半年；使用巢虫清木片，则将其挂在箱内病脾上，1 个月左右见效，一片可用 1 年左右。

（三）胡　蜂

胡蜂是捕杀蜜蜂、盗食蜂蜜的膜翅目昆虫，为捕食性蜂类。世界上已知的胡蜂有 5 000 多种，在我国也是分布甚广，常见的有 115 种，是我国南方各省夏、秋季节蜜蜂最凶恶的敌害，尤以山区或林下养蜂受害最为严重。

【生物学特性】 胡蜂种类主要有金环胡蜂（又名大胡蜂）、黄边胡蜂、黑盾胡蜂和基胡蜂等，常见的金环胡蜂体长约40毫米，黄边胡蜂体长22～30毫米（图6–5）。胡蜂大部分营社会性群居生活，多营巢于树枝、树洞和屋檐下，有喜光习性，属杂食昆虫，嗜食甜性物质。每群胡蜂有蜂王、工蜂和雄蜂，初冬最后1代蜂王交尾受精后，潜伏于隐蔽处越冬，翌年春季蜂王开始觅食、营巢、产卵。胡蜂蜂王可活1年以上。雄蜂多在当年最后1代出现，与新蜂王交尾后很快死亡。

图6–5 胡蜂 （曹兰 摄）

胡蜂一般在气温达到12～13℃时出巢活动，16～18℃时开始筑巢，秋后气温降至6～10℃时越冬。春季中午气温高时胡蜂活动最勤，夏季中午炎热，常暂停活动，夜间归巢不活动。

【危　害】 在每年的夏秋季节，胡蜂常在蜂箱前1～2米处盘旋或停留在蜂场附近的树枝上，寻找机会俯冲追逐、猎捕外出采集的蜜蜂，甚至停留在巢门前随意袭击进出蜂箱的蜜蜂，在某些情况下，胡蜂还可进入蜂箱，危害蜜蜂的幼虫和蛹，致使整个蜂群飞逃或毁灭。胡蜂捕杀蜜蜂后，会咬掉蜜蜂的头部和腹部，只取食蜜蜂的胸部，或带回巢内哺育幼虫。

被胡蜂骚扰的蜂群会出现巢门前秩序紊乱，蜂箱前方出现大量伤亡的青、壮年蜂，其中无头、残翅或断足的蜜蜂居多。

【防　治】

（1）**生物措施**　春季至夏季蜂箱不要有敞开部分，巢门开口尽量小（以圆洞为好），或在蜂巢口安上金属隔王板或金属片，不要让胡蜂攻入蜜蜂箱内，并在胡蜂造巢取材的牛粪中喷洒农药。

（2）**拍打法**　在夏、秋季早晨 8～10 时和傍晚 6～7 时将打死的胡蜂尸体集中放于蜂场上，引诱胡蜂飞来取食，通过人工用木片或竹片在蜂群巢门口扑打灭除胡蜂。

（3）**毒杀法**　用虫罩网住活体胡蜂，然后用防螫手套（注意个人防护），把“毁巢灵”涂在胡蜂背部，放胡蜂归巢，利用胡蜂驱逐异类的生物学特性达到毁灭全巢的目的，但从生态平衡上讲，胡蜂是有利于保护森林的益虫，尽量不要进行绝杀。

（4）**袋装法**　用一个大布口袋，将位于住房阳台、窗户或较低部位的胡蜂巢，整巢装入袋中，在摘除时，动作要轻、准、快，同时摘除工作人员要做好防护措施。取下用烟熏，或毒熏，一般情况下能将整笼马蜂的成虫、幼虫全部消灭。

（5）**诱杀法**　在细口瓶内装入 3/4 蜜醋（稀食醋调入蜂蜜）挂在蜂场附近；或用 1% 有机磷农药拌入水、滑石粉和剁碎的肉团里（1∶1∶2），盛于盘内，放在蜂场附近诱杀前来取食的胡蜂，同时注意家庭饲喂的其他动物安全，以免引起家禽、牲畜中毒。

（四）茧　蜂

蜜蜂茧蜂属是膜翅目茧蜂科优茧蜂亚科昆虫，种类较少，我国仅记录一种即斯氏蜜蜂茧蜂，2007 年在广东省首次发现，现在贵州、重庆、湖北、四川及台湾均有分布。

【危　害】蜜蜂茧蜂主要寄生中蜂种群，寄生率高达 20% 左右。中蜂被寄生初期无明显症状；在感染后期，蜂群采集情绪降低，工蜂腹部色泽暗淡，大量离脾，六足紧握，附着于箱底或箱内壁，在巢门踏板上可见腹部稍膨大、无飞翔能力、呈爬蜂状、螫针不能伸缩、不螫人的被寄生的工蜂；待寄生茧蜂幼虫老熟时，整个幼虫几乎充满工蜂腹腔，从中蜂肛门处咬破蜜蜂体壁爬出，工蜂在“产出”寄生蜂幼虫前表现出“急躁、前后翅上举、四处爬动”等症状，工蜂“产出”寄生蜂幼虫后约30分钟即死亡。解剖死亡工蜂发现，1只患病工蜂体内仅有1只寄生蜂幼虫，紧贴工蜂中肠。寄生蜂幼虫通体乳黄色、具有体节、两头稍尖、可自行蠕动。

【防　治】对此寄生蜂尚无有效的防治措施，建议加强蜂群管理，及时发现被感染蜂群并做销毁处理，防止被感染蜂场随着蜂群的流动进一步扩散。

（五）蚂　蚁

蚂蚁是一种分布极广泛的昆虫，尤以高温潮湿或森林地区分布最多。

【危　害】蚂蚁常在蜂箱附近爬行，并从蜂箱缝隙处或巢门爬入蜂箱内围杀蜜蜂，吸取巢脾内蜂蜜，并在蜂箱和盖布上产卵繁殖，常使蜂群不安。在南方的白蚁虽然不直接危害蜂群，但常蛀食蜂箱，给养蜂人员造成困扰。

【防　治】

①清除干净蜂箱四周的杂草，在蜂箱周围撒上生石灰，并把蜂箱垫高10～20厘米。

②把蜂箱放在支架上，支架四条腿放入能盛水的容器中，再在容器中注入水，隔断蚂蚁爬行的路径。

③用白蚁净杀灭。寻找到蚂蚁窝洞口，把白蚁净投放进蚁窝内，全巢杀灭。

④用烟叶和水按1∶1的比例浸泡15～30天，将浸泡好的烟叶水浇于蜂箱四周。若在其中加入苦灵果浸泡，则防蚁效果更佳。

四、蜜蜂中毒处理

（一）花粉中毒

【中毒症状】幼蜂腹部膨大，蜂尸伸展，中肠内有花粉，个别蜂足抱有花粉团。

【中毒处理】

①当出现花粉中毒以后，应及时将巢内含有毒粉蜜脾撤出，并喂以酸性饲料如米醋、柠檬酸等蜜水或用姜 20 克加水 0.5 升煮沸后加糖 250 克喂蜂解毒。

②若中毒严重时，须将蜂巢迁移距离有毒蜜源 5 千米以外的地方，以避中毒。

③选择具有良好蜜粉源的场地放蜂，不要去有毒植物蜜源场地放蜂，定地养蜂场应种植一些与有毒植物同时开花的蜜源植物，以避免蜜蜂去采集有毒的蜜粉源。

（二）甘露蜜中毒

【中毒症状】在缺蜜期，成年蜂腹部膨大，失去飞翔能力，在地上爬行而死，有的下痢。蜂尸蜜囊呈球状，中肠呈灰白色，充满水状物，并有黑色絮状物，后肠充满浓稠、黑色粪便，消化道色泽暗黑。

【中毒处理】

①外界蜜源结束后，应留足蜂群的越冬饲料或及时补充饲喂，绝不能让蜂群长期处于饥饿状态。

②在晚秋当外界蜜源结束以前，除应留足越冬饲料以外，还应将越冬蜂群转移至没有松树、柏树的地方，避免蜜蜂采集甘露蜜。

③对于已中毒蜂群，须果断取出蜂箱内的甘露蜜，及时给蜂

群补充新鲜蜂蜜或优质白糖浆。

④对蜜蜂采取药物治疗，四环素 1 片、复合维生素 B 20 片、食母生 50 片，将以上药物研碎后加 1 千克蜜水，搅匀后喂蜂，每天 1～2 次，连喂 2～3 天。

（三）农药中毒

【中毒症状】 全场蜂群突然出现大量死蜂，采集蜂越多的强群死亡数量越大。中毒蜂群性情暴躁，爱蜇人，常常追逐人畜。巢门前有大量死亡或即将死亡的蜜蜂。中毒蜜蜂，肢体失灵颤抖，在地上乱爬、翻滚、打转。中毒严重蜂场，在 1～2 天全巢覆灭，死亡的蜜蜂状似“爬蜂综合征”，两翅展开，腹部弯曲，吻伸出，拉取肠道可见中肠缩小。群内中毒的大幼虫从巢房脱出而挂于巢房口，有的幼虫落在箱底。

【中毒处理】

①养蜂场必须同农作物种植场密切配合，农作物种植场应尽量统一用药、一次性用药，并在农药内加入适量蜜蜂驱避剂，用药前提前通知养蜂者，养蜂场根据农业单位所用药物的毒性，采取关闭巢门或转场等措施来预防中毒。

②发生农药中毒时，要对蜂群采取急救措施，可尽快撤离施药区，同时清除巢脾里的有毒饲料，将被农药污染的巢脾放入 20%碳酸氰钠溶液中浸泡 12 小时左右，用清水冲洗干净，再用摇蜜机将巢脾上残留的水甩出，晾干后再使用。

③对中毒蜂群，立即饲喂稀糖水或稀蜜水，不仅可以供给蜜蜂所需要的水和营养，同时还可冲淡农药毒性，促进蜂群繁殖。

④明确引起蜂群中毒的农药种类，给蜂群饲喂解毒药剂。对有机磷类农药中毒，可用 0.05%～0.1%硫酸阿托品或 0.1%～0.2%解磷定糖水溶液喷脾解毒。对有机氯类农药引起的中毒，可在 250 毫升蜜水中加入 20%磺胺噻唑注射液 3 毫升和 1 片氯丙嗪充分溶解搅匀喷脾。

第七章
蜜源植物

蜜源植物是指能分泌花蜜供蜜蜂采集的植物，它是蜜蜂食料的主要来源之一，如荔枝、刺槐、椴树、白刺花、野坝子等。有些植物有蜜腺，但不分泌甜液供蜜蜂采集；有些植物开花时虽然也分泌甜液，但因花管过深或有特殊味道，蜜蜂采不到花蜜或不愿采集。这些植物均不能称为蜜源植物。

粉源植物是指能产生较多的花粉，并为蜜蜂采集利用的植物。花粉是蜜蜂调制蜂粮的主要原料和蜜蜂生长发育所需的蛋白质、脂肪、维生素、矿质元素等的主要来源，是生产蜂花粉和蜂王浆的物质基础，如玉米、高粱等都是粉源植物。有些植物产生的花粉很少，没有可供蜜蜂采集利用的花粉；有些植物的花粉有特殊气味蜜蜂不采集利用，这些植物也不能称为粉源植物。

蜜粉源植物是指既有花蜜又有花粉供蜜蜂采集利用的植物。蜜粉源植物中。有些是蜜多粉多，如油菜等；有些是蜜多粉少，如荔枝、枣、刺槐等；有些是粉多蜜少，如蚕豆、紫穗槐等。在养蜂生产中，广义上常把蜜源植物和蜜粉源植物甚至粉源植物，统称为蜜源植物。

蜜源植物是养蜂生产的基础，是蜜蜂生活的饲料来源，没有蜜源植物，蜜蜂就失去了生存的基础。我国蜜源植物丰富，有几十种主要蜜源植物可生产商品蜜；辅助蜜源一般情况不能生产商品蜜，但对蜂群的繁殖是十分重要的，同时也可进行蜂花粉的生产。

蜜粉源植物种类多、数量大，主要有：油菜、刺槐、柑橘、荔枝、柿子、枣树、乌桕、漆树、荆条、白腊、椴树、茶花、枇杷、柃木、野菊花等230余种，其中药用植物120余种，一年四季开花不断，形成蜜粉源的连续性，保证了蜜蜂的周年生活和生产的需要。

蜜源植物根据泌蜜量、利用程度和毒性，可将其分为主要蜜源植物、辅助蜜源植物和有毒蜜源植物。

一、主要蜜源植物

主要蜜源植物是指蜜蜂喜欢采集的数量多、分布广、花期长、泌蜜丰富、能够生产商品蜜的植物。主要蜜源植物如下。

油　菜

别名芸薹，十字花科。类型品种多，花期因地而异，花期较长，是我国南方冬、春季和北方夏季的主要蜜源植物（图7–1），蜜粉丰富，蜜蜂喜欢采集。

图7–1　油菜花（罗文华 摄）

我国油菜栽培面积约为550万公顷，分布区域广，主要分布于广东、浙江、广西、福建、云南、台湾、江西、贵州、上海、江苏、湖南、湖北、四川、安徽、山东、河南、河北、山西、甘肃、青海、宁夏、西藏、内蒙古、新疆、辽宁、吉林以及黑龙江。

油菜为一二年生草本，

茎直立。高 0.3～1.5 米，总状花序，顶生或腋生，花一般为黄色，雄蕊外轮 2 枚短，内轮 4 枚长，内轮雄蕊基部有 4 个绿色蜜腺。其类型分 3 种，白菜型，如黄油菜；甘蓝型，如胜利油菜；芥菜型，如辣油菜。

流蜜适温 24℃左右，一般花期 1 个月。油菜开花期因品种、栽培期、栽培方式及气候条件等不同而异，同一地区开花先后顺序依次为白菜型、芥菜型、甘蓝型，白菜型比甘蓝型早开花 15～30 天。同一类型中的早、中、晚熟品种花期相差 3～5 天。油菜的适应性强，喜土层深厚、土质肥沃而湿润的土壤。它开花泌蜜适宜的相对湿度为 70%～80%，泌蜜适温为 18～25℃，一天中 7～12 时开花数量最多，占当天开花数的 75%～80%。

开花早的可用来繁殖蜂群，开花晚的可生产大量商品蜜，比较稳产，南方某些地方如遇寒流，阴雨天多，会影响产量。油菜蜜浅黄色，易结晶，蜜质一般。

荔 枝

荔枝别名荔枝母、离枝、大荔，无患子科。原产于我国热带及南亚热带地区，全国种植面积约 7 万公顷。荔枝为常绿乔木，高 10～30 米，双数羽状复叶，互生，小叶 2～8 对，长椭圆形或披针形，为混合型的聚伞花序圆锥状排列；花小、黄绿色或白绿色。

荔枝有早、中、晚三大品种，主要分布于广东、福建、台湾、四川、广西、云南、海南、贵州。其中，广东、福建、台湾和广西的面积较大，是我国荔枝蜜的主产区。

荔枝喜温暖湿润的气候，在土表深厚、有机质丰富的冲积土上生长最好。开花期 1～4 月份，群体花期约 30 天。主要流蜜期 10 天左右。荔枝在气温 10℃以上才开花，8℃以下很少开花，18～25℃时开花最盛，泌蜜最多。荔枝夜间泌蜜，温暖天气傍晚开始泌蜜；以晴天夜间暖和、微南风天气、相对湿度为 80%

以上，泌蜜量最大。若遇北风或西南风则不泌蜜。有大小年现象，蜜多粉少。

龙　眼

龙眼别名桂圆、圆眼、益智，无患子科，是我国南方亚热带名果，全国种植面积约7.5万公顷。龙眼为常绿乔木，树高10～20米，双数羽状复叶，互生，小叶2～6对，长椭圆形或长椭圆状披针形；为混合型聚伞圆锥花序，花小、淡黄白色。主要分布于福建、广西、广东、四川和台湾，海南、云南、贵州等省区种植面积较小。

龙眼适于土层深厚而肥沃和稍湿润的酸性土壤，开花期为3月中旬至6月中旬，泌蜜期15～20天，品种多的地区花期长达30～45天，开花适温20～27℃，泌蜜适温24～26℃，在夜间暖和南风天气，相对湿度70%～80%时泌蜜量最大。有大小年现象，正常年份群产蜜15～25千克，丰年可达50千克左右。蜜多粉少。

刺　槐

刺槐别名洋槐，豆科。刺槐为落叶乔木，高12～25米。总状花序，花多为白色，有香气（图7–2）。

图7–2　刺槐　（姬聪慧 摄）

栽种面积大，分布区域广，全国种植面积约114万公顷，主要分布于山东、河南、河北、辽宁、甘肃、陕西、安徽、江苏、山西等地。

刺槐喜湿润肥沃土壤，适应性强，耐旱。花期4～6月份。因生长地的纬度、海拔高度、局部小气候、土壤、品种等不同而异。花期为10～15天，主要泌蜜期7～10天。刺槐泌蜜量大，蜜多粉少，气温20～25℃，无风晴暖天气，泌蜜量最好。影响刺槐泌蜜的因素很多，主要有天气、地形、地势、土质、树龄、树型等，尤其是风对泌蜜影响很大，刺槐花期忌刮大风。

柑　橘

柑橘别名宽皮橘、松皮橘，芸香科。分布区域广，现有20个省（区）有栽培，面积约6.3万公顷。以广东、湖南、浙江、四川、福建、江西、广西、湖北、台湾等省（区）面积较大，其次是云南、重庆、贵州。其他省（市）栽培面积小。柑橘为常绿小乔木或灌木，花小，单生或成总状花序，少数丛生于叶腋，花为白色（图7–3）。

图7–3　柑橘（罗文华 摄）

柑橘喜温暖湿润的气候，花期2～5月份，因品种、地区及气候而异，花期20～35天，盛花期10～15天。气温17℃以上开花，20℃以上开花速度快。泌蜜适宜温度22～25℃，相对湿度70%以上。5～10年生树开花泌蜜量最大。开花前降水充足，花期间气候温暖，则泌蜜好。干旱期长、开花期间雨量过多或低温、寒潮、北风，则泌蜜少或不泌蜜。正常情况下，每群意蜂产蜜10～30千克，有时可高达50千克。柑橘蜜、粉丰富。

枣　树

枣树别名红枣、大枣、白蒲枣，属鼠李科。枣树为落叶乔木，高达10米，花3～5朵簇生于脱落性（枣吊）的腋间，为不完全的聚伞花序，花黄色或黄绿色。

在我国数量多，分布广。主要分布于河北、山东、山西、河南、陕西、甘肃等省的黄河中下游冲积平原地区，其次为安徽、浙江、江苏等省。总面积约43万公顷。

枣树耐寒力强，也耐高温，耐旱耐涝。开花期为5月份至7月上旬，因纬度和海拔高度不同而异。日平均温度达20℃时进入始花期，日平均温度22～25℃及以上时进入盛花期，连日高温会加快开花进程、缩短花期。阴雨和低温会延缓开花。群体花期长达35～45天，泌蜜期25～30天。气温26～32℃，相对湿度50%～70%，泌蜜正常；气温低于25泌蜜减少，空气相对湿度20℃以下，泌蜜少、花蜜浓度高、蜜蜂采集困难。若开花前雨量充足，开花期间适当降雨，则泌蜜量大。雨水过多、连续阴雨天气或高温干旱、刮大风等对开花泌蜜不利。每群蜂可产蜜15～25千克，有时可高达40千克。枣树蜜多粉少。

乌 桕

乌桕别名棬子、木梓、木蜡树。大戟科。乌桕为落叶乔木，高15～20米，穗状花序顶生；乌桕开黄绿色小花（图7-4）。主要分布于秦淮河以南各省（区）及台湾、浙江、四川、重庆、湖北、湖南、贵州、云南，其次是江西、广东、安徽、福建、河南等省。

图7-4　乌桕（罗文华 摄）

乌桕喜温暖、湿润气候，多数省份乌桕的开花期在6～7月份，花期约30天。泌蜜适宜温度25～32℃，当气温为30℃、相对湿度70%以上时泌蜜最好；高于 35℃泌蜜减少，阴天气温低于 20℃时停止泌蜜。一天之中，上午 9 时至下午 6 时泌蜜，以中午 1～3 时泌蜜量最大。乌桕花期夜雨日晴，温高湿润，泌蜜量大；阵雨后转晴、温度高，泌蜜仍好；连续阴雨或久旱不雨则泌蜜少或不泌蜜。每群蜂可产蜜 20～30 千克，丰年可达 50 千克以上，乌桕蜜、粉丰富。

紫 云 英

紫云英别名红花草、草子，豆科，原产于我国中南部，每年种植面积约 800 万公顷。紫云英为 1～2 年生草本，高 0.5～1 米，伞形花序，腋生或顶生，花冠粉红色或蓝紫色，偶见白色。主要分布于长江中下游及南部省（区），其中种植面积较大的有湖南、湖北、江西、安徽和浙江等省。

紫云英生长在湿润爽水的沙土、重壤土、石灰质冲积土上泌蜜良好，开花期因地区、播种期和品种等不同而有差异，一般为 1～5 月份。泌蜜期 20 天左右，早熟种花期约 33 天，中熟种约 27 天，晚熟种约 24 天。泌蜜适温为 20～25℃，相对湿度 75%～85%，晴暖高温，泌蜜最大。每群蜂产蜜 20～50 千克。蜜多粉多。

柿　树

柿树别名柿子，柿树科。柿树为乔木，高 15 米，雌雄同株或异株，雌花为小聚伞花序，花黄白色。柿树分布广，数量多。河北、河南、山西、山东、陕西省为主产区。

柿树耐旱，适应性强。种植后 4～5 年开始开花，10 年后大量开花泌蜜。开花期在萌芽抽梢后约 35 天，要求日平均温度在 17℃以上。山东、河南开花期为 5 月上中旬，花期 15～20 天。一朵花的开放期约 0.5 天，早晨开放，午后即凋谢。相对湿度 60%～80%，晴天气温达 28℃，泌蜜量最大。意蜂群产蜜量可达 10～20 千克，蜜多粉少，流蜜有大小年现象。

荆　条

荆条别名荆柴、荆子，马鞭草科。荆条为落叶灌木，高 1.5～2.5 米，圆锥花序顶生或腋生，花冠淡紫色（图 7–5）。华北是分布的中心，主要产区有辽宁、河北、北京、山东、内蒙古、河南、安徽、甘肃、陕西、四川以及重庆等省（区）。

图 7–5　荆条 （姬聪慧 摄）

荆条耐寒、耐旱、耐瘠薄，适应性强。荆条开花期 6～8 月份，主花期约 30 天。因生长在山区，海拔高度和局部小气候等不同，开花有先后。浅山区比深山区早开花。气温 25～28℃泌蜜量最大；夜间气温高、湿度大的闷热天气，翌日泌蜜量大；一天中，上午泌蜜比中午多。每群意蜂可产蜜 25～40 千克。蜜多粉少。

苕　子

苕子别名兰花草子、巢菜、广东野豌豆，豆科。苕子为 1 年生或多年生草本，总状花序腋生，花冠蓝色或蓝紫色（图 7–6）。苕子种类多，分布广。我国约有 30 种，全国种植面积约 67 万公顷。主要分布于江苏、广东、云南、陕西、贵州、四川、安徽、湖北、湖南、广西、甘肃等省（区），新疆、东北、福建及台湾等省（区）也有栽培。

苕子耐寒、耐旱、耐瘠薄，适应性强。开花期为 3～6 月份。因种类和地区不同，开花期也不尽相同。一个地方的花期

20～25天。气温20℃开始泌蜜，泌蜜适温24～28℃。蜜、粉丰富，每群意蜂产蜜量可达15～40千克。

图7-6　苕子（罗文华 摄）

紫　椴

紫椴别名籽椴、小叶椴，椴树科。紫椴为落叶乔木，高达20多米，聚伞花序，花瓣淡黄色。紫椴主要分布于长白山、完达山和小兴安岭林区，面积约32万公顷，主产区为黑龙江、吉林省。

紫椴喜凉温气候、耐寒，深根性的阳性树种。紫椴开花期为7月上旬至下旬，花期约20天；糠椴为7月中旬至8月中旬，花期为20～25天。两种椴树开花交错重叠，群体花期长达35～40天。大年和春季气温回升早而稳定的年份开花早，阳坡比阴坡开花早。泌蜜适温20～25℃，高温高湿泌蜜量大。大年每群意蜂可产蜜20～30千克，丰年可达100千克。

大叶桉

大叶桉别名桉树，桃金娘科。大叶桉为常绿乔木，高达

25～30米，伞形花序腋生。大叶桉主要分布于长江以南各省（区），如广东、广西、海南、四川、福建、云南、台湾等地，湖南、江西、浙江和贵州等省的南部地区也有种植。

大叶桉喜温暖、湿润气候。开花期8月中下旬至12月初。花期长达50～60天，甚至更长，盛花泌蜜期30～40天。气温高、湿度大的天气泌蜜量大，花蜜浓度较低；寒潮低温、北风盛吹时泌蜜减少或停止。寒潮过后，气温上升至15℃以上仍可恢复泌蜜，气温19～20℃时，泌蜜最多。每群蜂产蜜量可达10～30千克。

沙 枣

别名桂香柳、银柳，胡颓子科。是我国西北地区夏季主要蜜源植物。沙枣为落叶乔木或灌木，高5～15米，单叶互生，椭圆状披针形至狭披针形。蜜腺位于子房基部，花两性，1～3朵腋生，黄色，花被筒钟形。主要分布于新疆、甘肃、宁夏、陕西、内蒙古等省（区）。

沙枣是喜光、旱生树种，抗寒性极强，并耐寒冷、抗风沙。开花期为5～6月份，花期长约20天。生长在地下水丰富、较湿润的地方，泌蜜量较大。每群蜂可产蜜10～15千克，最高可达30千克。蜜、粉丰富。

枇 杷

别名卢橘，蔷薇科。主要分布于浙江、福建、江苏、安徽、台湾等省，为冬季主要蜜源。枇杷为常绿小乔木，叶呈倒卵圆形至长椭圆形，圆锥花序顶生，花白色，蜜腺位于花筒内周。花粉黄色，花粉粒长球形（图7–7）。

花期10～12月份，开花泌蜜期30～35天，泌蜜适温18～22℃，相对湿度60%～70%，夜凉昼热、南方天气泌蜜多。每群蜂可产蜜5～10千克。

图 7–7 枇杷 （王瑞生 摄）

紫苜蓿

别名苜蓿、紫花苜蓿，豆科。是我国北方优良牧草，主要分布于黄河中下游地区和西北地区。全国栽培面积约 66.7 万公顷。以陕西、新疆、甘肃、山西和内蒙古面积较大，其次是河北、山东、辽宁、宁夏等地。

紫苜蓿为多年生草本植物，高 0.3～1 米。总状花序，腋生，花萼筒状钟形，花冠蓝紫色或紫色。花粉粒近球形，黄色，赤道面观为圆形，极面观为 3 裂圆形。

紫苜蓿耐寒、耐旱、耐贫瘠，适应性强。开花期为 5～7 月份，花期约 30 天。泌蜜适温为 28～32℃，每群蜂产蜜量可达 15～30 千克，最高可达 50 千克以上。蜜多粉少。

柠檬桉

别名留香久，桃金娘科。主要分布于广东、广西、海南、福建、台湾，其次是江西、浙江南部、四川、湖南南部、云南南部等。

柠檬桉为常绿乔木，幼叶 4～5 对，对生，具腺毛，叶柄盾状着生；成年叶互生，披针形或窄披针形或镰状。顶生或侧生圆锥花序，萼筒杯状，深黄色蜜腺贴生于萼管内缘。比较耐旱，适应性较强。

始花期，雷州半岛 11 月中旬，广州、南宁 12 月上旬，花期长达 80～90 天。气温 18～25℃，相对湿度 80% 以上泌蜜量最大。每群蜂可产蜜 8～15 千克。蜜多粉少。

向日葵

别名葵花、转日莲，菊科。主要产区是黑龙江、辽宁、吉林、内蒙古、新疆、宁夏、甘肃、河北、北京、天津、山西、山东等省（区）。种植面积 70 万～100 万公顷。

图 7–8　向日葵（曹兰　摄）

向日葵为 1 年生草本，高 2～3 米，叶互生，宽卵形。头状花序，单生于茎顶，雌花舌状，两性花管状，花黄色。花粉深黄色，花粉粒长球形，赤道面观长球形，极面观为 3 裂圆形（图 7–8）。

耐旱、耐盐碱、抗逆性强，适应性广。花期 7 月份至 8 月中旬，主要泌蜜期约 20 天，气温 18～30℃时泌蜜良好。每群意蜂可产蜜 15～40 千克，最高可达 100 千克。蜜、粉丰富。

山乌桕

山乌桕别名野乌桕、山柳、红心乌桕，属大戟科。广泛分布于南方热带、亚热带山区，主要分布地为江西、湖南、重庆、广东、福建、浙江、广西、云南、贵州等地山区。

山乌桕为落叶乔木或灌木，单叶互生或对生，椭圆或卵圆形。穗状花序顶生，密生黄色小花，苞片卵形，每侧各有 1 个蜜腺。花粉淡黄色，圆形或近圆形。

生于土层深厚、肥沃、含水丰富的山坡和山谷森林中。开花期因海拔、纬度、树龄、树势等不同而异，4月中下旬形成花序，5月中下旬开花。花期约30天，泌蜜期20～25天，泌蜜适温28～32℃。每群意蜂可产蜜15～20千克，丰年可达25～50千克。蜜、粉丰富。

老瓜头

主要分布于内蒙古、宁夏和陕西三省交界的毛乌素沙漠及其周围各县。老瓜头为多年生直立半灌木，株高0.2～0.5米，叶对生，狭椭圆形或披针形。伞形聚伞花序腋生，每个花序有小花10余朵，花冠紫褐色。耐寒、耐热、耐旱、耐瘠，抗风沙。

开花期通常是5月下旬至7月下旬，群体花期40～50天，泌蜜适温27～30℃，每群蜂可产蜜30～40千克，丰年50千克以上。蜜多粉少。

芝　麻

主产区为黄淮平原和长江中下游地区，其中河南、湖北、安徽面积较大，全国约有67万公顷。

芝麻为1年生草本，高达1米，单叶对生或上部互生，卵形、短形或披针形。花单生或2～3朵生于叶腋，花管状，多数为白色，也有浅紫色、紫色等。花粉为淡黄色，花粉粒近球形或扁球形，赤道面观为椭圆形，极面观裂圆形。适生于地势高、排水良好、质地轻松、结构松软的土壤。

花期早的为6～7月份，晚的7～8月份，花期长达30～40天，泌蜜适温25～28℃。每群意蜂可产蜜10～15千克，蜜、粉丰富。

棉　花

全国大部分省（区）都有栽培，主要产区为黄河中下游地区和渤海湾沿岸，其次是长江中下游地区，其中山东、河北、新疆、河南、江苏和湖北面积较大。全国总面积约为560万公顷。

棉花为1年生草本，高1～1.5米，单叶互生，掌状3裂，主脉3～5条，有蜜腺。花单生，小苞片3对，离生，有蜜腺；花萼杯状，花冠白色或淡黄色，后变淡红色或紫色。花粉黄色，粒球形。具散孔5～8个，外壁具刺状雕纹。开花期7～9月份，花期长达70～90天，泌蜜适温35～38℃。每群蜂可产蜜10～30千克，高时达50千克。泌蜜丰富。

荞 麦

我国大部分省区都有栽培，面积有50万～70万公顷，主要分布在西北、东北、华北和西南。以甘肃、陕西、内蒙古面积较大，其次是宁夏、山西、辽宁、湖北、江西和云贵高原。

荞麦为1年生草本，高0.4～1米，叶互生，叶片近三角形，全缘。花序总状或圆锥状，项生或腋生，花白色或粉色。花粉暗黄色，花粉粒长球形，赤道面观为椭圆形，极面观为3裂圆形。耐旱，耐瘠，生育期短，适应性强。

开花规律由北向南逐渐推迟，早荞麦多为7～8月份，晚荞麦多为9～10月份。花期长30～40天，盛花期约24天，泌蜜适温25～28℃。每群意蜂可产蜜30～40千克，最高达50千克以上。蜜、粉丰富。

二、辅助蜜源植物

辅助蜜源植物是指具有一定数量，能够分泌花蜜、产生花粉，在养蜂生产中被蜜蜂采集利用，虽不能采得大量商品蜜，但可以供蜜蜂维持生活和繁殖用的植物，如瓜类、苹果等。它们有的数量少，零星散分布；有的虽面积大，但花蜜量很少；有的泌蜜量多，但开花泌蜜期很短，一般情况难以采得大量商品蜜。

由于全国各地自然条件千差万别，分布状况有差异，有些蜜源植物的性质也发生地域性变化，所以同一种蜜源植物是属于主要蜜源或属于辅助蜜源。常因所在地区的数量、分布集中或分散、开花期长短以及泌蜜量大小等不同而定，如大豆在东北和山东一些地方开花泌蜜良好，而在福建则不泌蜜。主要蜜源植物和辅助蜜源植物在养蜂生产中都很重要，是相辅相成的关系。

辅助蜜源植物在我国分布区域很广，种类也很多。下面仅对一些重要的辅助蜜源植物做简单介绍。

苹　果

蔷薇科。落叶乔木，伞房花序，有花3～7朵，白色。花期4～6月份，蜜、粉丰富。主要分布于辽东半岛、山东半岛、河南、河北、陕西、山西、四川等省（区）。

西　瓜

别名寒瓜，葫芦科。1年生蔓生草本植物，叶片3深裂，裂片又羽状或二回羽状浅裂。花雌雄同株，单生，花冠黄色。花期6～7月份，蜜、粉较多。全国各地都有栽培。

南　瓜

别名香瓜、饭瓜，葫芦科。1年生蔓生草本，叶大，圆形或心形。花雌雄同株，花冠钟状，黄色。花期5～8月份，花粉丰富。全国各地广泛栽培。

黄　瓜

别名胡瓜，葫芦科。1年生蔓生或攀援草本，花黄色，雌雄同株。花期5～8月份，蜜、粉丰富。全国各地栽培。

甜　瓜

别名香瓜，葫芦科。1年生蔓生草本，叶片近圆形或肾形，3～7浅裂。雌雄同株，花冠黄色，钟状。花期6～8月份，蜜、粉丰富。全国各地都有栽培。

五 味 子

别名北五味子，山花椒，木兰科。落叶藤本植物，雌雄同株或异株。花期5～6月份，蜜、粉较多。分布于湖南、湖北、云南东北部、贵州、四川、江西、江苏、福建、山西、陕西、甘肃等地。

蒲 公 英

别名婆婆丁，菊科。多年生草本，花黄色，总苞钟状，顶生头状花序。花期3～5月份，蜜、粉较丰富，全国各地都有分布。

益 母 草

别名益母篙，唇形科。1～2年生草本，轮伞花序，花冠粉红色至紫红色，花萼筒状钟形。花期5～8月份，蜜、粉较丰富。全国各地都有分布。

金 银 花

别名忍冬、双花，忍冬科。野生藤本，叶对生，花初开白色，外带紫斑，后变黄色，花筒状成对腋生。花期5～6月份，泌蜜丰富（图7–9）。分布于全国各地。

马 尾 松

松科。长绿乔木，马尾松、白皮松、红松等都具有丰富的花粉（图7–10）。花期3～4月份，在粉源缺乏的季节，蜜蜂多集中采集松树花粉。除了繁殖、食用外，也可生产蜂花粉。主要分布于淮河流域和汉水流域以南各地。

图 7–9　金银花（罗文华 摄）

图 7–10　马尾松（罗文华 摄）

油　松

别名红皮松、短叶松，长绿乔木，松科。穗状花序，花期 4～5 月份，有花蜜和花粉。主要分布于东北、山西、甘肃、河北等省。

萱　草

别名金针菜、黄花菜，百合科。多年生草本，花黄色，花冠漏斗状。花期 6～7 月份，蜜、粉丰富。分布于河北、山东、山西、江苏、安徽、云南、四川等省（区）。

草　莓

别名高丽果、凤梨草毒，蔷薇科。多年生草本，花冠白色，聚伞花序，花期 5～6 月份，全国各地都有栽培（图 7–11）。

图 7–11　草莓（罗文华 摄）

玉　米

别名苞米，禾本科。1 年生草本，栽培作物。异花授粉，花粉为淡黄色。全国各地广泛分布，主要分布于华北、东北和西南。春玉米 6～7 月份开花，夏玉米 8 月份至 9 月上旬开花。花期一般 20 天。单群采粉量 100 克左右。

杉　木

别名杉，杉科。长绿乔木，花粉量大，花期 4～5 月份。主要分布于长江以南和西南各省（区），河南桐柏山和安徽大别山也有分布。

山　杨

别名响杨、明杨，杨柳。乔木，叶略为三角形，柔荑花序，雌雄异株。花期 3～4 月份，蜜粉较多。广泛分布于东北、华北地区。

杨　梅

别名株红，杨梅科。长绿乔木，单叶互生，倒卵状长圆形或

楔状披针形。花单性，雌雄异株。雄花序穗状，雌花序卵状长圆形。花期3～4月份，花粉较多。主要分布于华东、广东、云南、贵州等地。

钻天柳

别名顺河柳，杨柳科。落叶乔木，柔荑花序，雌雄异株。花期5月份，蜜、粉较多。广泛分布于东北林区和全国各地。

胡　桃

别名核桃，胡桃科。落叶乔木，柔荑花序，雌雄异株。花期3～4月份，花粉较多。全国各地都有分布。

榛

别名榛子、平榛、毛榛，桦木科。落叶乔木或小灌木，叶互生，卵圆形至倒卵形。雌雄同株。花期3～6月份，花粉丰富。分布于东北、华北、内蒙古等地。

鹅耳枥

别名千斤榆、见风干，桦木科。落叶灌木或小乔木，单叶互生，卵形至椭圆形。花单性，雌雄同株，柔荑花序。花期4～5月份，花粉丰富。分布于东北、华北、华东、陕西、湖北、四川等地。

白　桦

别名桦树、桦木、桦皮树，桦木科。落叶乔木，树皮白色。花单性，雌雄同株，柔荑花絮。花期4～5月份，花粉较丰富。主要分布于东北、西北、西南各地。

鹅掌楸

别名马褂木，木兰科。落叶乔木，花被9片，内面淡黄色，雄蕊多数。花期4～6月份，蜜、粉较多。分布于长江以南各省。

柚 子

别名抛栗，芸香科。常绿乔木，花大，白色。花单生或数朵簇生于叶腋，花期5～6月份，蜜、粉丰富（图7-12）。主要分布于福建、广西、云南、广东、贵州、江西、四川、湖北、湖南、浙江等地。

楝 树

别名苦楝子、森树，楝科。落叶乔木，花紫色或淡紫色，圆锥花序腋生，花期3～4月份，蜜、粉较多。分布于华北、南方各地。

枸 杞

别名仙人仗、狗奶子，茄科。蔓生灌木，花淡紫色，花腋生，花萼钟状，花冠漏斗状。花期5～6月份，泌蜜丰富。分布于东北、宁夏、河北、山东、江苏、浙江等地。

板 栗

别名栗子、毛栗，壳斗科。落叶乔木，花呈浅黄绿色，雌雄同株，单性花，雄花序穗状，直立，雌花着生于雄花序基部。花期5～6月份，花期20多天，花粉丰富（图7-13）。在全国各地广泛分布。

中华猕猴桃

别名猕猴桃、羊桃、红藤梨，猕猴桃科。藤本，花开时白色，后转为淡黄色，聚伞花序，花杂性，花期6～7月份，蜜、粉较多。分布于广东、广西、福建、江西、浙江、江苏、安徽、湖南、湖北、河南、甘肃、陕西、云南、贵州、四川等地。

图 7-12　柚子（罗文华 摄）

图 7-13　板栗（曹兰 摄）

李

别名李子，蔷薇科。小乔木，花冠白色，萼筒钟状。花期 3～5 月份，蜜、粉丰富。全国各地都有分布。

樱　桃

蔷薇科。乔木，花先开放，3～6 朵呈伞形花序或有梗的总状花序。花期 4 月份，蜜、粉多。全国各地都有分布。

梅

别名干枝梅、酸梅、梅子，蔷薇科。落叶乔木，少有灌木，花粉红色或白色，单生或 2 朵簇生。花期 3～4 月份，蜜、粉较多。分布于全国各地。

杏

别名杏子，蔷薇科。落叶乔木，花单生，白色或粉红色。花期 3～4 月份，蜜、粉较多。全国各地都有分布。

山 桃

别名野桃、花桃，蔷薇科。落叶乔木。花粉红色或白色，单生，花期 3～4 月份，蜜、粉丰富。分布于河北、山西、山东、内蒙古、陕西、河南、甘肃、四川、贵州、湖北、江西等地。

锦 鸡 儿

别名拧条，豆科。小灌木。花单生，花萼钟状，花冠黄色。花期4～5月份，蜜、粉丰富。分布于河北、山西、陕西、山东、江苏、湖南、湖北、江西、云南、贵州、四川、广西等省区。

沙 棘

别名酸刺、醋柳，胡颓子科。落叶乔木或灌木，花淡黄色，雌雄异株，短总状花序生于前 1 年枝上。花期 3～4 月份，蜜、粉丰富。分布于四川、陕西、山西、河北等地。

合 欢

别名绒花树、马缨花，豆科。落叶乔木，花淡红色，头状花序，呈伞房状排列，腋生或顶生。花期5～6月份，蜜、粉较多。分布于河北、江苏、江西、广东、四川等地。

栾 树

别名栾、黑色叶树，无患子科。落叶乔木，花淡黄色，中心紫色，圆锥花序顶生，花期6～8月份，花粉丰富。分布于东北、华北、华东、西南、陕西、甘肃等地。

榆

别名家榆、白榆，榆科。落叶乔木，花粉为紫黑色，花期 3～4 月份。分布于东北、华北、西北、华东等地。同属种类若干种，都是较好的粉源植物。

盐肤木

别名五倍子树，漆树科。灌木或小乔木，单数羽状复叶互生，小叶卵形至长圆形。圆锥花絮，萼片阔卵形，花冠黄白色。花期8～9月份，蜜、粉丰富。分布于华北、西北、长江以南各地。

甜　菜

多年生或2年生草本，肉质根纺锤形。花小两性，绿白色，花被5片，雄蕊5枚着生于多汁蜜腺环上。花期5～6月份，蜜粉较多。主要分布于东北、华北、西北地区各省。

莲

别名荷、荷花，睡莲科，多年生水牛草本，叶片圆形，花单生于梗顶端，花大，红色、粉红或白色，雄蕊多数。花期6～10月份，花粉丰富（图7-14）。全国各地都有栽培，以南方为主。

图7-14　莲（罗文华 摄）

白屈菜

别名水黄草、山黄连、观音草，罂粟科，多年生草本，叶互生，羽状全裂，裂片3～5个；伞形花序顶生，花黄色，雄蕊多数。花期4～6月份，蜜、粉丰富。分布于东北、华北、新疆、四川等地。

甘　蓝

别名大头菜，十字花科。2年生作物，圆锥花序。花期3～4

月份，蜜、粉较丰富。全国各地都有分布。

萝　卜

别名莱菔，十字花科。2 年生或 1 年生作物，基生叶和下部叶大头羽状分裂，总状花序顶生，花白色或淡紫色。花期南方 1～2 月份，北方 4～6 月份，蜜、粉丰富（图 7–15）。全国各地都有栽种。

韭　菜

百合科，多年生草本，叶扁平，狭线形。伞形花序，花白色或略带红色。花期在东北地区为 7～8 月份，泌蜜丰富（图 7–16）。全国各地都有分布。

图 7–15　萝卜（曹兰 摄）

图 7–16　韭菜（罗文华 摄）

白 菜

别名黄芽白菜，十字花科。2 年生作物，基生叶多数，卵形或宽倒卵形。总状花序顶生，花淡黄色。花期南方 1～3 月份，北方 3～5 月份，蜜、粉丰富。全国各地都有分布。

葱

别名大葱，百合科。多年生草本，叶基生，圆柱形。伞形花序，花冠钟状，白色。花期南方 3～4 月份，北方 5～6 月份，泌蜜丰富。全国各地都有分布。

香 蕉

芭蕉科。栽培多年生草本，穗状花序下垂，花乳白色或略带紫色。花期 4～8 月份，泌蜜极为丰富。分布于广东、福建、广西、云南、四川等地。

三、有毒蜜源植物

有些蜜源植物所产生的花蜜或花粉能使人或蜜蜂出现中毒症状，这些蜜源植物被称为有毒蜜源植物。

蜜蜂采食有毒蜜源植物的花蜜和花粉，会使幼虫、成年蜂和蜂王发病、致残和死亡，给养蜂生产造成损失；人误食蜜蜂采集的某些有毒蜜源植物的蜂蜜和花粉后，会出现低热、头晕、恶心、呕吐、腹痛、四肢麻木、口干、食管烧灼痛、肠鸣、食欲不振、心悸、眼花、乏力、胸闷、心跳急剧、呼吸困难等症状，严重者可导致死亡。

毒蜜大多呈琥珀色，少数呈黄、绿、蓝、灰色，有不同程度的苦、麻、涩味。大部分有毒蜜源植物的开花期在夏、秋季节，林下养蜂场选址时应远离有毒蜜源植物的分布地。

雷公藤

别名黄蜡藤、菜虫药、断肠草，为卫矛科藤本灌木。分布于长江以南各省、自治区及华北至东北各地山区。

图 7–17　雷公藤　（罗文华 摄）

湖南省 6 月下旬开花、云南省 6 月中旬至 7 月下旬开花（图 7–17）。泌蜜量大，花粉为黄色，扁球形，赤道面观为圆形，极面观为 3 裂或 4 裂（少数），圆形。若开花期遇到大旱，其他蜜源植物少时，蜜蜂会采集雷公藤的蜜汁而酿成毒蜜。蜜呈深琥珀色，味苦而带涩味。

黎　芦

别名大黎芦、山葱、老旱葱，为百合科多年生草本植物。主要分布于东北林区，河北、山东、内蒙古、甘肃、新疆、四川也有分布。

花期在东北林区为 6～7 月份。蜜、粉丰富。花粉椭圆形，赤道面观为扁三角形，极面观为椭圆形。蜜蜂采食后发生抽搐、痉挛，有的采集蜂来不及返巢就死亡，并能毒死幼蜂，造成群势急剧下降。

紫金藤

别名大叶青藤、昆明山海棠，卫矛科藤本灌木。主要分布于长江流域以南至西南各地。

开花期 6～8 月份，花蜜丰富。花粉粒呈白色，多数为椭圆形。全株剧毒，花蜜中含有雷公藤碱。

苦皮藤

别名苦皮树、马断肠，卫矛科藤本灌木。主要分布于陕西、甘肃、河南、山东、安徽、江苏、江西、广东、广西、湖南、湖北、四川、贵州、福建北部、云南东北部等地。

开花期为 5～6 月份，花期 20～30 天。粉多蜜少，花粉呈灰白色，花粉粒呈扁球形或近球形。全株剧毒，蜜蜂采食后腹部胀大，身体痉挛，尾部变黑，喙伸出呈钩状死亡。

钩　吻

别名葫蔓藤、断肠草，马钱科常绿藤木。主要分布于广东、海南、广西、云南、贵州、湖南、福建、浙江等地。

开花期为 10～12 月份至翌年 1 月份，花期长达 60～80 天，蜜、粉丰富，全株剧毒。

博落回

别名野罂粟、号筒杆，罂粟科多年生草本。主要分布于湖南、湖北、江西、浙江、江苏等省。

花期 6～7 月份，蜜少粉多。花粉粒呈灰白色，球形。花蜜和花粉对人和蜜蜂都有剧毒。

乌　头

又名草乌、老乌。属毛茛科，多年生草本，块根圆锥形。生长于山坡、草地。主要分布于长江中、下游各省区，北达秦岭和山东东部，南达广西北部，越南北部也有分布。

乌头含有乌头碱、中乌头碱，花期 7～9 月份，花蜜和花粉对蜂有毒。

昆明山海棠

又名大叶黄藤。本种与雷公藤的主要区别在于叶背面有白粉。花粉有毒。

油　茶

为灌木或小乔木，高可达 15 米。我国各地均有栽培，朝鲜、日本也产。

种子含油，供食用或工业用。花和花粉有毒。

狼　毒

多年生直立草本，丛生，高 20～50 厘米，下部有粗大圆柱形木质根状茎。产于东北、河北、河南、甘肃、青海及西南地区。

喜干燥向阳地。植物体和花粉有大毒。可做农药，根入药，有祛痰、散结、逐水止痛、杀虫、医疾之功效，外敷可治疗疥癣。

喜　树

又名旱莲木、千仗树。为紫树科落叶乔木，多生于海拔 1 000 米以下的溪流两岸、山坡、谷地、庭院、路旁土壤肥沃湿润处。主要分布于浙江、江西、湖南、湖北、四川、云南、贵州、广西、广东、福建等省（区）。

喜树含喜树碱和其他成分。喜树花期，浙江温州 7～8 月份。蜜、粉有毒，蜜蜂采食头几天蜂群无明显变化。几天后，中毒幼蜂遍地爬行，幼虫和蜂王也开始死亡，蜂群群势急剧下降。

八 角 枫

又名包子树、勾儿茶、彊木。为落叶灌木或小乔木，高可达 3～6 米。产于长江及珠江流域各省（市），印度、马来西亚、日本也有。生于阴湿的杂木林中。

八角枫含有八角枫酰胺和八角枫碱等化合物。花蜜和花粉有毒。

羊踯躅

又名闹羊花、黄杜鹃、老虎花。羊踯躅属杜鹃花科，灌木，喜欢酸性土壤，多生于山坡、石缝、灌木丛中，分布于江苏、浙江、湖南、湖北、河南、四川等省。

引起蜜蜂中毒原因是羊踯躅花粉含有浸木毒素、杜鹃花素和石南素。羊踯躅花期 4～5 月份，花蜜和花粉均有毒，对蜜蜂有危害。

曼陀罗

又名醉心草、狗核桃。为茄科，直立草本，生于山坡、草地、路旁、溪边。在海拔 1 900～2 500 米处较多。通常栽培于庭院。分布于东北、华北、华南等地。

曼陀罗含有莨菪碱、阿托品、东莨菪碱等。花期 6～10 月份，花蜜和花粉对蜂有毒。

第八章
蜂 产 品

目前，我国蜂群数量已由上世纪的700万群增长到了920万群，而位居第二位的阿根廷的蜂群数量仅为我国的1/3。同时，我国也是世界第一蜂蜜生产国及出口国，根据农业部2010年统计，我国年产蜂蜜约41万吨，其中约1/3出口美国、欧盟等国家，出口总值约1.86亿美元。此外，我国2010年年产蜂王浆4 000余吨，出口新鲜蜂王浆、蜂王浆冻干粉及蜂王浆制剂总额约3 400余万美元。

一、蜂 蜜

蜂蜜（Honey）是蜜蜂采集植物的花蜜、分泌物或蜜露，与自身分泌物结合后，经充分酿造而成的天然甜物质。蜂蜜是我国大宗传统出口商品之一，产量及出口量均居世界第一位。蜂蜜是一种很好的能量物质，能够被人体快速消化吸收。目前，蜂蜜不仅作为一种天然食品，更多的还可以用于制药、化妆品、烟草工业、动物饲养及新型食品研发等方面。

（一）蜂蜜的成分与理化性质

蜂蜜是一种复杂的天然物质，一般蜂蜜的吸湿性、黏滞性、光学特性及常规的化学成分基本相同。例如，蜂蜜具有极强的吸湿性，它能够吸收空气中的水分，直到蜂蜜的含水量在 17.4% 时达到平衡，主要原因是此时蜂蜜的含水量与空气的相对湿度保持相对平衡，蜂蜜已经不能从空气中获得更多的水分，这一特性是我们运输、贮藏、加工及包装蜂蜜产品的一个重要指标。蜜蜂采集不同植物的花蜜，能够生产出不同性质、不同成分的蜂蜜，其色、香、味的差异较大，蜂蜜的色泽及香气随着蜜源植物种类的不同存在很大差异，不同品种的蜂蜜往往拥有其独特的风味及口味，在感官评价方面也具有很大的不同（图 8–1）。

图 8–1 结晶的油菜蜂蜜 （程尚 摄）

1. 化学成分 蜂蜜的化学成分十分复杂，蜂蜜的主要成分有糖类、氨基酸、维生素、矿物质、酸、酶类等。蜂蜜中已知的化学成分有 20 余种，糖类约占 3/4，水分约占 1/4，是一种高度复杂的糖类饱和溶液。

（1）水分 在蜂巢里，成熟的天然蜂蜜被工蜂用蜂蜡封存在巢房里，这种成熟蜜的水分通常为 17% 左右，在南北方不同的气候条件下，成熟蜜的含水量也会存在不同，但是最高不会超过 21%。成熟蜂蜜由于含水量较低，是糖的过饱和溶液，因此具有一定的抗菌性能，不易发酵。在常温下，当含水量超过 25% 时蜂蜜容易发酵。蜂蜜自然水分含量的多少受多种因素影响，如采集的蜜粉源植物种类、蜂群群势的强弱、酿蜜时间的长短、外界的温度及湿度，还有蜂蜜的贮存方法等，都会对水分含量造成影响。

含水量是评价蜂蜜质量的一项重要指标，它对蜂蜜的吸湿性、黏滞性、结晶性和贮藏条件都有着直接的影响。蜂蜜含水量的标示方法有很多，但我国市场通常采用波美度来标示蜂蜜的含水量。

（2）**糖类**　糖类物质在蜂蜜中含量最高，为70%～80%，主要为果糖、葡萄糖、麦芽糖、棉子糖、曲二糖、松三糖等，其中含葡萄糖33%～38%，果糖38%～42%，蔗糖5%以下。蜂蜜中果糖和葡萄糖的相对比例对蜂蜜结晶具有较大的影响，葡萄糖相对含量高的蜂蜜容易结晶，如油菜蜜；反之，果糖含量高的蜂蜜不容易结晶，如洋槐蜜。蜂蜜中含有丰富的单糖，不需要消化可直接被人体吸收。

（3）**氨基酸**　蜂蜜中的氨基酸含量为0.1%～0.78%，其中主要的氨基酸为赖氨酸、组氨酸、精氨酸、苏氨酸等17种氨基酸。蜂蜜中含有的氨基酸种类多，然而因蜂蜜品种、贮存条件及生产时间的不同，其含量比及种类也有较大差别。

（4）**维生素**　蜂蜜中维生素的含量虽少，但种类较多，含有多种人体必需的维生素，如维生素B_1、维生素B_2、维生素B_6、维生素C、烟酸及叶酸等。蜂蜜中的维生素含量受其花粉含量影响，当采用过滤的方法将蜂蜜中的花粉去除时，蜂蜜将失去大部分的维生素。

（5）**矿物质**　蜂蜜中的矿物质含量约为0.17%，其矿物质含量比与人体血液中的矿物质含量比相似，有利于人体对蜂蜜中矿物质的吸收、增强健康。蜂蜜主要含有钾、钠、钙、镁、硅、锰、铜等微量元素，这些元素可以保持血液中的电解质平衡，调节人体新陈代谢，促进生长发育。不同品种蜂蜜的矿物质含量存在较大的差异，这主要与植物的种类及土壤中的矿物质含量有关。

（6）酸类 酸类物质约占蜂蜜的0.57%，其中有机酸主要有柠檬酸、醋酸、丁酸、苹果酸、琥珀酸、甲酸、乳酸、酒石酸等；无机酸主要为磷酸及盐酸。这些酸是影响蜂蜜pH值的重要因素，并具有特殊的香气，在贮藏过程中也能够缓解维生素的分解速率。

（7）酶类 蜂蜜中含有多种人体所需的酶类，这些酶往往具有较强的生物活性，同时也是蜂蜜保健功能的主要承担者，如淀粉酶、氧化酶、还原酶、转化酶。其中，含量最多的为淀粉转化酶，这种酶能够将花蜜中的蔗糖转化为葡萄糖，直接参与物质代谢。此外，淀粉酶对热不稳定，在常温下贮存17个月，淀粉酶的活性将失去一半，这也是衡量蜂蜜品质的一种重要指标。过氧化氢酶有抗自由基的作用，可以防止机体老化及癌变。食用蜂蜜时不能使用开水冲兑，通常使用温水或者凉水，因为高温能够破坏蜂蜜中大部分活性酶类，减少蜂蜜的营养成分，并影响蜂蜜的滋味和色泽。

2. 理化性质 新鲜蜂蜜一般为无色至褐色，浓稠，均匀的糖浆状液体，味甜，具有独特的香味，质量较差的蜂蜜常带有苦味、涩味、酸味或臭味。当温度低于10℃或放置时间过长，有的蜂蜜会出现结晶，如油菜蜂蜜、荆条蜂蜜、椴树蜂蜜等。

（1）相对密度 蜂蜜的相对密度与其含水量及贮存的温度有较大关系，蜂蜜的相对密度会随着温度的升高而下降。蜂蜜的含水量越高，则蜂蜜的相对密度就越小；反之，含水量越低相对密度越大。温度为20℃时，含水量为23%～17%的蜂蜜，其相对密度为1.382～1.423，波美度为40～43度。

（2）滋味与气味 由于蜂蜜含有大量的糖类物质，因此蜂蜜的滋味以甜味为主，有的蜂蜜带有酸味或其他刺激性气味，如芝麻蜜及荞麦蜜。蜂蜜的气味较为复杂，蜜香与花香存在较大的联系，蜂蜜香气来自于蜂蜜中含有的脂类、醇类、酚类和酸类等100多种化合物，它们主要来源于花蜜中的挥发性物质。

（3）**缓冲性** 缓冲性是蜂蜜的重要理化特征之一，与蜂蜜中的糖类物质和水分含量有关。含水量17.4%的蜂蜜与相对湿度为58%的空气保持基本平衡。如果这种蜂蜜暴露在相对湿度大于58%的空气中，将吸收空气中的水分使其含水量提高。反之，如果暴露于相对湿度低于58%的空气中，其含水量则因散失水分而降低。

（4）**黏滞性** 黏滞性就是指蜂蜜的抗流动性，黏滞性的强弱主要取决于含水量和温度的高低，蜂蜜中含水量和温度升高时，其黏滞性下降。有的蜂蜜在剧烈搅拌下也会降低黏滞性，静置后又恢复原状，这叫湍流现象或触变性。黏滞性大的蜂蜜难以从容器中倒出来，或难以从巢脾中分离出来，加工时延迟过滤速度和澄清速度，气泡和杂质也较难清除。

（5）**旋光性** 旋光性是鉴别真假蜂蜜的一个重要指标，正常蜂蜜绝大多数是左旋，如果在蜂蜜中加入蔗糖或葡萄糖就会改变蜂蜜的旋光性，即左旋变小甚至转为右旋。

（6）**结晶性** 结晶是蜂蜜最重要的物理特征，也是蜂蜜生产与加工中面临的最艰巨的问题。蜂蜜是葡萄糖的饱和溶液，在适宜条件下，小的葡萄糖结晶核不断增加、长大，便形成了结晶状缓缓下沉，在温度为13～14℃时结晶过程加速。然而蜂蜜含有几乎与葡萄糖等量的果糖及糊精等胶状物质时，能推迟结晶的过程。

蜂蜜结晶的趋向决定于结晶核多少，含水量高低，贮藏温度及蜜源种类。凡结晶核含量多的蜂蜜，结晶速度快；反之，结晶速度慢。含水量低的蜂蜜，因溶液的过饱和程度降低，就不容易结晶或仅出现部分结晶。将蜂蜜贮藏于5～14℃条件下，不久即产生结晶现象，低于5℃或高于27℃可以延缓结晶；已经结晶的蜜加热到40℃以上，便开始液化，当加热的温度和时间超过70℃、30分钟，液化的蜂蜜不再结晶。来自不同蜜源种类的蜂蜜，因为化学成分不同，在结晶性状上存在明显差异。

通常蜂蜜含葡萄糖结晶核多、密集，且在形成结晶的过程中很快地全面展开，形成油脂状；若结晶核数量少，结晶速度慢，则出现粗粒或块状结晶。无论是哪一种形态的结晶体，实际上都属于葡萄糖与果糖、蔗糖及蜂蜜中其他化合物的聚合体。

容器中的蜂蜜由液态向晶态转变时，常发生整体结晶与分层结晶两种现象。一般来说，成熟的蜂蜜由于黏度大，结晶粒形成之后，在溶液中的分布相对比较均匀，因此就出现了整体结晶。含水量偏高的蜂蜜，因黏度小，产生的结晶核很快沉入容器底层，形成了上部液态而下部晶态的两相分层状况。这种部分结晶的蜂蜜，因为葡萄糖晶体中只含有 9.1%的水分，于是其他未结晶部分的含水量会相应增加，因此很容易发酵变质。蜂蜜在结晶过程中伴随着发酵作用，由此产生的二氧化碳气体会将晶体顶向上方。

蜂蜜的自然结晶纯属物理现象，并非化学变化，因此对其营养成分和食用价值毫无影响。结晶蜜不容易变质，便于贮藏和运输。但是，盛于小口桶的蜜结晶以后，很难倒桶，会给质检、加工和零售增加麻烦。瓶装蜜如果出现结晶，不仅有损于外观，还会使消费者产生“糖蜜”的疑虑。

为防止蜂蜜结晶，可将其用蒸汽加热至 77℃保持 5 分钟，然后快速冷却，或者使用 9 000 赫兹的高频率声波处理 15～30 分钟，也可以起到抑制蜂蜜结晶的作用。

（二）蜂蜜的质量标准

蜂蜜的质量标准主要参考我国蜂蜜的国家标准 GB/T 18796—2012，适用于不同品种的蜂蜜，不适用于蜂蜜制品。国标对蜂蜜进行了定义，即蜂蜜为蜜蜂采集植物的花蜜、分泌物或蜜露，与自身分泌物混合后，经充分酿造而成的天然甜味物质。要求蜜蜂采集的植物花蜜、分泌物或蜜露应安全无毒，不得采集各种有毒的蜜源植物，其感官要求及理化指标见表 8–1、表 8–2。

表 8–1　蜂蜜的感官要求

项　目	要　求
色　泽	依蜜源品种不同，从水白色（几乎无色）、白色、特浅琥珀色、浅琥珀色、琥珀色至深色（暗褐色）
滋味、气味	依据蜜源不同，甜、甜润或甜涩。某些品种有微苦、涩等刺激味道。有蜜源植物的花的气味。无挥发性异味和其他异味
状　态	常温下呈黏稠流体状，或部分及全部结晶；不含蜜蜂肢体、幼虫、蜡屑及其他肉眼可见杂物。没有发酵症状

表 8–2　蜂蜜理化要求

项　目		一等品	二等品
水分（%）	≤		
荔枝蜂蜜、龙眼蜂蜜、柑橘蜂蜜、鹅掌柴蜂蜜、乌桕蜂蜜		23	26
其他		20	24
果糖和葡萄糖含量（%）	≥	60	
蔗糖（%）	≤		
桉树蜂蜜、柑橘蜂蜜、紫花苜蓿蜂蜜、荔枝蜂蜜、野桂花蜂蜜		10	
其他		5	
酸度（1mol/L 氢氧化钠，mL/kg）	≤	40	
羟甲基糠醛（mg/kg）	≤	40	
淀粉酶活性（1% 淀粉溶液）[mL/（g·h）]，	≥		
荔枝蜂蜜、龙眼蜂蜜、柑橘蜂蜜、鹅掌柴蜂蜜		2	
其他		4	
灰分（%）	≤	0.4	

摘自《实用高产养蜂新技术》。

食品安全国家标准中还详细规定了蜂蜜中污染物（符合 GB 2762）、兽药残留、农药残留（符合 GB 2763）及微生物的限量。

（三）蜂蜜的生产

1. 生产条件　组织的采蜜群应具有强壮、足量、健康的适龄采集蜂；蜂场半径 3 千米范围内有集中、成片的蜜源植物并处于流蜜期。配备割蜜刀、巢础、巢脾、摇蜜机和贮蜜容器等生产工具。生产人员要求身体健康、无传染病，每年至少体检 1 次，体检合格后方可从事蜂蜜生产。

2. 培育适龄采集蜂　在当地主要蜜源植物流蜜前 45 天左右开始培育适龄采集蜂。在外界蜜、粉源不充足时进行奖励饲喂。早春气温低于 14℃时做好蜂群保温，气温高于 30℃时，做好蜂群遮阴；气温高于 35℃时，给蜂群洒水、通风，进行散热降温处理。

3. 采蜜群组织及管理　离主要采蜜期 1 个月左右，把弱群的卵虫脾补给强群，把强群的即将出房的封盖子脾调给弱群；离主要采蜜期 10～15 天，用弱群的封盖子脾补充强群，组织成采集群，将强群的卵虫脾给弱群哺育。主要采蜜期开始后，把并列在强群旁边的弱群搬走，使其外勤蜂归入强群，增加强群的外勤蜂数，集中采蜜。

4. 生产期蜂群管理　在蜜源植物流蜜期间，组织强群取蜜，弱群繁殖；新王群取蜜，老王群繁殖；单王群生产，双王群繁殖。将弱群里正出房的子脾补给生产群以维持强群。适当控制生产群卵虫的数量，以解决生产与繁殖的矛盾。采取措施预防分蜂热，注意通风和遮阴，保持蜜蜂采集积极性。

5. 取蜜原则　蜜脾 1/3 封盖时方可取蜜。取蜜时间一般在早上进行，在蜂群大量采进新蜜前停止。只取生产区的蜜，不取繁殖区的蜜，特别是幼虫脾上的蜜。流蜜后期，做到少取或不取，留足巢内饲料。

6. 取蜜前的准备　取蜜场所卫生、无蚊蝇。取蜜人员操作前洗手消毒，取蜜用具和盛蜜容器要清洗、消毒并晾干。

7. 取蜜步骤

（1）**脱蜂**　打开箱盖，轻轻提出蜜脾，抖落巢脾上的蜜蜂，用蜂扫将蜜蜂轻轻扫落。

（2）**切割蜜盖**　用割蜜刀由前向后割掉已封盖蜂蜜巢房的蜡盖。

（3）分离蜂蜜　把巢脾放入摇蜜机，旋动摇柄，速度由慢变快，再由快变慢，把巢房内的蜂蜜分离出来。

（4）过滤装桶　在摇蜜机出口处安放一个双层过滤器，把过滤后的蜂蜜放在大口桶内澄清，24小时后，当蜡屑和泡沫均浮在上面后，再用滤勺把上层的杂质去掉，然后将纯净的蜂蜜装入包装桶内。盛装不要过满，留有20%左右的空隙，以防转运时震荡及受热外溢。

（四）蜂蜜的作用

蜂蜜是一种营养丰富的天然滋养食品，也是最常用的滋补品之一。蜂蜜含有与人体血清浓度相近的多种矿物质和维生素、铁、钙、铜、锰、钾、磷等多种有机酸和有益人体健康的微量元素。蜂蜜的功效与作用如下：

第一，蜂蜜能改善血液的成分，促进心、脑和血管功能，因此经常服用对心血管病人很有好处。

第二，蜂蜜对肝脏有保护作用，能促使肝细胞再生，对脂肪肝的形成有一定的抑制作用。

第三，食用蜂蜜能迅速补充体力，消除疲劳，增强对疾病的抵抗力。

第四，蜂蜜还有杀菌的作用，经常食用蜜糖，不仅对牙齿无妨碍，还能在口腔内起到杀菌消毒的作用。

第五，蜂蜜能治疗中度的皮肤伤害，特别是烫伤，将蜂蜜当作皮肤伤口敷料时，细菌无法生长。

第六，失眠的人在每天睡觉前口服1杯蜜糖水，有助于睡眠。

第七，蜂蜜还可以润肠通便，治疗便秘。

二、蜂 王 浆

蜂王浆也被称为蜂皇浆或蜂乳，是哺育蜂头部王浆腺分泌的一种乳白色或淡黄色浆状物质，具有特殊的气味，化学成分复杂，因外界条件、蜜蜂品种、蜂群群势及泌浆工蜂日龄的不同存在一定的差异，是蜜蜂饲养幼虫的高级营养物质，对蜜蜂极性分化具有十分重要的影响。新鲜蜂王浆具有丰富的蛋白质、脂肪酸、糖类及人体必需的10种氨基酸、多种维生素和生物活性酶。蜂王浆具有减缓衰老、调节机体免疫力、抗辐射、抗癌、降血糖和降血压等多种保健及医疗功能，是一种天然、无副作用的营养食品。

（一）蜂王浆的成分与理化性质

1. 蜂王浆的主要成分　蜂王浆的成分十分复杂，新鲜蜂王浆中水分为总重量的62.5%～70%，其干物质重量为30%～37.5%。蜂王浆的干物质中含量最高的为蛋白质，为36%～55%，其中约60%为清蛋白，约30%为球蛋白，该比例有利于人体对蜂王浆的消化吸收。酶类蛋白质在蜂王浆中含量丰富，这类物质通常具有很高的生物学活性。例如，胆碱酯酶、超氧化物歧化酶（SOD）、谷胱甘肽酶及碱性磷酸酶等，这些酶类能够调节人体的新陈代谢、促进健康。蜂王浆中最重要的蛋白质组分就是蜂王浆主蛋白（MRJPs），它们是一个同源的蛋白质家族。蜂王浆主蛋白中包括许多人体必需的氨基酸。

蜂王浆具有其独特的短链羟基脂肪酸集合。10–羟基–2–癸烯酸（10–HDA）被广泛认可为蜂王浆中具有多种药理学作用的营养成分，也是蜂王浆中特有的不饱和脂肪酸，被人们称为王浆酸，其含量在2%左右，10–HDA在常温下呈现为白色结晶状态，性状稳定，难溶于水，易溶于甲醇、乙醇、氯仿、乙醚，微溶于丙酮。由于自然界其他物质中还没有发现该物质，因此10–HDA也被称为王浆酸。此外，蜂王浆中还含有20多种游离脂肪酸，组成了蜂王浆独特的脂肪酸集合体系。

蜂王浆中还含有多种糖类物质，随着蜂王浆的不同，糖类物质在蜂王浆中所占的比例也不一样，一般为干重的20%～39%。主要有葡萄糖（约占糖含量的45%）、果糖（约占糖含量的52%）、麦芽糖（约占糖含量的1%）、龙胆二糖（约占糖含量的1%）、蔗糖（约占糖含量的1%）。其中，龙胆二糖是龙胆糖的低聚物，它是由葡萄糖以β-1，6糖苷键结合而成的低聚糖。

2. 蜂王浆的理化性质 蜂王浆的颜色会根据蜜源的不同而发生稍微的变化，通常为乳白色或者淡黄色，为黏稠的浆状物质，有光泽，无气泡，口感酸涩辛辣。一般来说，产量高、质量好的油菜蜂王浆一般以白色为主，略带浅黄色；洋槐蜂王浆以乳白色为主；椴树及白荆条蜂王浆也是以乳白色为主；紫云英蜂王浆为淡黄色；荆条、葵花蜂王浆的颜色略深，为黄色；玉米蜂王浆较荆条蜂王浆和葵花蜂王浆的颜色浅一些；荞麦蜂王浆略带有粉红色；山花椒蜂王浆则为黄绿色；紫穗槐蜂王浆则略带浅紫色。这些品种的蜂王浆一般都不单独加工，大都进行混合加工。根据产浆蜂种的不同，也可以将蜂王浆分为中蜂蜂王浆及西蜂蜂王浆，前者主要采自中蜂，后者则产自西蜂。与西蜂蜂王浆相比，中蜂的蜂王浆外观上更为黏稠。

蜂王浆的化学成分与蜜粉源植物有关，如10–羟基–2–癸烯酸为蜂王浆的特征成分，在不同的植物类型的蜂王浆中其含量变化范围为1.4%～2.5%。

（二）蜂王浆的质量标准

我国蜂王浆的质量标准主要依据由中华人民共和国国家质量监督检验检疫总局及中国国家标准化管理委员会发布的蜂王浆国家标准（GB 9697—2008），该标准中详细界定了蜂王浆的定义、蜂王浆的感官要求、蜂王浆的理化要求及蜂王浆的不同等级。

1. 蜂王浆的定义 蜂王浆，即蜂皇浆，是由工蜂咽下腺和上腭腺分泌的，主要用于饲喂蜂王和蜂幼虫的乳白色、淡黄色或者浅橙黄色浆状物质。

2. 蜂王浆的感官要求

（1）**色泽**　无论是黏稠状还是冰冻状态，蜂王浆都应该为乳白色、淡黄色或者浅橙黄色，有光泽。冰冻状态时还有冰晶的光泽。

（2）**气味**　黏浆状态时，蜂王浆应该有类似花蜜或者花粉的香味和辛香味，气味纯正，无发酵及酸败的气味。

（3）**滋味和口感**　蜂王浆黏稠状态时，有明显的酸涩、辛辣和甜味感，上腭和咽喉有明显的刺激感。咽下或吐出后，咽喉刺激感仍然会存留一段时间，冰冻状态时，初品尝有颗粒感，而后逐渐消失，并出现与黏浆状态同样的口感。

（4）**状态**　常温下或者解冻后，蜂王浆呈现出黏浆状，并具有一定的流动性，不应该有气泡或者杂质。

3. 蜂王浆的等级　蜂王浆根据理化指标的不同分为优等品和合格品。

4. 蜂王浆的理化要求

蜂王浆的理化要求如表 8–3 所示。

表 8–3　蜂王浆的产品等级和理化指标

指　标		优等品	合格品
水分（%）	≤	67.5	69.0
10– 羟基 –2– 癸烯酸（%）	≥	1.8	1.4
蛋白质（%）		11～16	
总糖（以葡萄糖计）（%）	≤	15	
灰分（%）	≤	1.5	
酸度（摩尔 / 升 NaOH）（毫升 /100 克）		30～53	
淀　粉		不得检出	

（三）蜂王浆的保存

蜂王浆是一种重要的保健滋补品，也是一种高价值的蜂产品。然而，蜂王浆只有在新鲜状态或贮存良好的条件下才能发挥应有的保健作用。消费者要直接得到从蜂群中生产出来的新鲜王浆是不容易的，所以蜂王浆贮存期间，保持其新鲜度就显得格外重要。

蜂王浆含有丰富的活性物质，在常温条件下容易降解或被破坏，蜂王浆要求在低温避光的条件下贮存，适宜贮存温度为 –7 ～ –5℃。实践证明，在这样的温度条件下存放 1 年，蜂王浆的成分变化甚微，在 –18℃的低温条件下，可存放数年。

蜂王浆中含有大量的具有生物活性的营养成分及基团，如醛基、酮基等。这些基团在光的作用下很快起化学反应，使其失去原有的活性。

蜂王浆能够溶解在酸性和碱性的介质中，在溶解的状态下，蜂王浆质量更不稳定。蜂王浆呈酸性，它与金属，特别是锌、镁等金属容易起反应，腐蚀金属。所以，取浆和贮浆的用具不能使用金属制品。

蜂王浆本身具有较强的抑菌作用，但不等于能杀死所有的细菌，特别是酵母菌，在适宜温度或蜂王幼虫体液存在的情况下，极易引起蜂王浆发酵。把蜂王浆置于阳光下，当浆温超过 30℃，只需要几小时就会发酵而产生大量气泡，失去生物活性。

蜂王浆在冷热交替的环境中、经常振动和换瓶时容易破坏其品质。

蜂王浆的贮存不只是生产过程中的重要一环，也是经营单位贮运和用户使用中不容忽视的重要环节。为了使蜂王浆保持较好的新鲜度，生产时应把蜂王浆装进洁净、干燥，经过消毒的聚乙烯塑料瓶或其他不透光的专用瓶内，且要装满、盖严、密封，最好定容定量，每瓶净重 1 000 克，并标明生产日期和生产者姓名，切忌把蜡屑、浆垢和蜂王幼虫体液、组织混进浆内，没有达到上述要求的蜂王浆，收购时要进行转瓶。

影响蜂王浆新鲜度的因素较多，俗称蜂王浆有“六怕”，即怕热、怕光、怕空气、怕酸碱、怕金属和怕细菌污染。从光、空气、酸碱、金属对蜂王浆质量影响来看，只要通过一般处理即可避免。唯有预防蜂王浆过度受热和微生物污染方面比较困难，通常可以采取以下方法：

1. 深度冷冻贮存法　深度冷冻贮存法需要一定的设施设备才能完成，经营单位、加工厂家为长期贮存蜂王浆商品或原料，当达到一定数量后，应装箱打包并送入 –18℃以下的低温冷库贮存。在此温度下，蜂王浆中最敏感的活性物质分解减缓、氧化反应终止、微生物生长受到抑制，因此可以达到长期贮存且质量稳定的目的。若蜂王浆数量较少，可放在 –18℃以下的冰柜里贮存。没有条件的，也应把蜂王浆放在 –2℃以下贮存。

2. 钴 60 辐射处理法　采用钴 60 辐照灭菌后贮存的蜂王浆，不会引起挥发性物质损失，短期内常温贮存不会变质，基本成分损失很少。但生物学效应可能会有较大变化，所以有冷冻条件的单位. 应尽可能选用冷冻贮存。

3. 蜂场就地简易暂存法　蜂场刚生产出来的蜂王浆，如果不能立即交售给收购单位，又缺乏低温贮存的条件，可采取下列简易的方法做短暂的贮存。

（1）蜜桶贮存　蜜桶内的蜜温比气温变化小，在运输中，把密封的蜂王浆瓶浸入蜜桶中并不让其上浮，到达目的地后取出转入冰箱、冰库贮存。

（2）井内或地洞贮存　炎热季节，井水和地洞温度都低于外界，把蜂王浆瓶装进塑料袋，扎紧袋口，放入井水或地洞内贮存。

4. 脱水贮存法　新鲜蜂王浆通过低温真空干燥或常温真空脱水，将其制成蜂王浆干粉或胶质薄膜干王浆，既能保持鲜王浆的成分和效应，又便于保存，不但贮存时比鲜王浆营养损耗少，而且体积比鲜王浆小，运输和服用更加方便。

（四）蜂王浆的作用

蜂王浆含有蛋白质、脂肪、糖类、维生素 A、维生素 B_1、维生素 B_2、叶酸、泛酸及肌醇。还有类乙酰胆碱样物质，以及多种人体需要的氨基酸等。有报道称，蜂王浆的功效和作用如下。

①经常食用能改善营养不良的状况，治疗食欲不振、消化不良，可使人的体力、脑力得到加强，情绪得到改善。

②蜂王浆中含有免疫球蛋白，能明显地提高人体免疫力。

③预防治疗心脑血管疾病。

④蜂王浆中含有铜、铁等合成血红蛋白的物质，有强壮造血系统，使骨髓造血功能兴奋等作用。

⑤蜂王浆中的 10–HDA，即王浆酸，有抗菌、消炎、镇痛的作用，可抑制大肠杆菌、化脓球菌、表皮癣菌、结核杆菌等 10 余种细菌生长。

⑥蜂王浆能抑制癌细胞扩散，使癌细胞发育出现退行性变化，对癌症起到很好的预防作用。

⑦蜂王浆中含有丰富的维生素和蛋白质，还含有超氧化物歧化酶，有防止衰老的作用。

⑧蜂王浆有增强食欲及吸收能力，对肝脏和胃肠功能均有调节作用。

⑨减轻中老年人更年期综合征。

三、蜂 花 粉

蜂花粉是由蜜蜂采集的高等植物雄性器官（被子植物雄蕊花药或裸子植物的小孢子囊内产生的用于繁殖后代的生殖细胞），即植物的精子，用唾液和花蜜而形成的物质。花粉的个体称为花粉粒，是一些极微小的颗粒，采集蜂在采集的过程中将很多的花粉粒混入一些蜂蜜或蜜蜂的分泌物，并装进工蜂特有的双后足花粉筐内，聚集成为两个花粉球，这些花粉球就被称为蜂花粉团，采集蜂回巢后，会将花粉筐内的花粉球卸入巢房中加工成蜂粮，蜂粮也是蜜蜂幼虫的重要食物。

蜂花粉的分类主要是依据蜜蜂所采集的粉源植物种类来进行区分的，主要有油菜花粉、玉米花粉、茶花花粉、荞麦花粉、向日葵花粉等。不同种类的花粉，由于采自不同的粉源植物，通常具有不同的颜色及气味。例如，油菜花粉为浅黄色至黄色，有干油菜叶的气味，口感腥甜；玉米花粉为暗黄色至浅褐色，有清香的嫩玉米气味，口感香甜；芝麻花粉主要为深褐色，具有生芝麻的香味，口感香甜。

（一）蜂花粉的成分与理化性质

蜂花粉含有多种人体所需的营养成分。一般来说，蜂花粉中含水分 30%～40%、蛋白质 11%～35%、总糖含量 20%～39%（其中葡萄糖约为 14.4%、果糖 19.4%）、脂质 1%～20%，还含有多种维生素和生长因子。

1. 蜂花粉的成分

（1）蛋白质　蜂花粉中含有多种人体必需的氨基酸，如精氨酸、赖氨酸、缬氨酸、蛋氨酸、组氨酸、苏氨酸等，蜂花粉中的氨基酸的含量与食品和药物管理局 / 世界卫生组织（FDA/WHO）所推荐的优质食品中的氨基酸模式十分接近，被称为“理想氨基酸”。

（2）脂类　蜂花粉中脂类物质主要由脂肪酸、磷脂、甾醇等组成，脂肪含量一般为 1.3%～15%，其中含量最丰富的是蒲公英花粉、黑芥花粉及榛树花粉。花粉中的脂肪酸有月桂酸、二十二碳六烯酸、二十碳五烯酸、花生酸、十八烷酸、油酸、亚油酸、十七烷酸、亚麻酸等，其中不饱和脂肪酸亚油酸和亚麻酸的含量比较丰富。亚麻酸对人体具有独特的保健功能，其在体内代谢转化为前列腺素和白三烯，具有调节激素活性、降低血液中胆固醇浓度及促进胆固醇从机体中释放等生理活性。花粉中的磷脂有胆碱磷酸甘油酯、氨基乙醇磷酸甘油酯（脑磷脂）、肌醇磷酸甘油酯和磷脂酰基氯氨酸等。这类磷脂物质是人体和生物体细胞半渗透膜的主要组成部分，能调整离子进入细胞，积极参与代谢物质交换，具有促脂肪作用（防治脂肪肝作用）、抑制脂肪在有机体内形成和过多积累以及在细胞内的沉积、调整脂肪交换过程等生理活性。花粉富含植物甾醇类（为 0.6%～1.6%），其中谷甾醇是机体中胆固醇的对抗物质之一，具有抗动脉粥样硬化的生理功能。

（3）**糖类** 蜂花粉中的糖类物质主要由葡萄糖及果糖组成，其他的还有双糖，如麦芽糖、蔗糖，以及多糖，如淀粉、纤维素及果胶类物质。油菜花粉水解后，产物均含有 L－岩藻糖、L－阿拉伯糖、D－木糖、D－半乳糖、D－葡萄糖及 L－鼠李糖，而酸性多糖除了以上单糖组分外，还含有已糖醛酸，但是不含有硫酸基。玉米花粉多糖 PM 至少含有 4 种主要组分。蜂花粉中还含有部分膳食纤维，含量为 7%～8%。蜂花粉中的多糖不仅是一种能量物质，同时也具有一定的生物活性，能够增强体液免疫及细胞免疫，能有效地抑制肿瘤细胞生长，显著提高细胞内乳酸脱氢酶及酸性磷酸酶的含量，并且对肺泡巨噬细胞分泌肿瘤坏死因子具有诱导作用。

（4）**微生物及矿物质** 蜂花粉中含有大量的维生素，每 100 克蜂花粉含有 0.66～212.5 毫克的维生素，主要包括维生素 C、维生素 E、维生素 B_1、维生素 B_2、烟酸、泛酸、维生素 B_6、维生素 H、维生素 M 及肌醇等。目前所知的所有蜂花粉中，均能发现胡萝卜素，胡萝卜素能够在人体及动物体内转化成为维生素 A，供给人体消化吸收。

蜂花粉是由蜜蜂采集植物的花粉所制成的，具有多种人体及动物体所必需的矿物质元素，包括钾、钙、磷、镁、铜、铁、

硒、硫、锌等60多种，这些元素都在生命有机体内的生理生化反应中起到至关重要的作用。

（5）**酚类物质**　类黄酮及酚酸是蜂花粉中酚类物质的重要组成成分，它们大部分以氧化形态存在于蜂花粉中，即黄酮醇、白花色素、苯邻二酚和氯原酸，其中黄酮主要是以游离态形式存在，对人体有软化微血管、消炎、抗动脉粥样硬化等多种作用。

2. 蜂花粉的理化性质　蜜蜂采集的花粉团通常为扁椭圆形，由许多花粉颗粒组成，花粉颗粒的形状有圆的、扁圆的、椭圆的、三角形的、四角形的。花粉粒的大小与颜色会随着粉源植物种类的不同而存在差异，直径一般为30～50微米；颜色由淡白色至黑色。花粉表面有不规则的纹饰和萌发孔，萌发孔是花粉粒内成分进出的通道，它的大小、多少和形状会随着植物的不同而不同。成熟的花粉粒主要由花粉壁及其内容物构成。内容物包括营养核和生殖核。花粉壁由内壁和外壁组成，内壁通常柔软且薄，外壁则坚硬，表面不平。

（二）蜂花粉的质量标准

我国蜂花粉的质量标准主要依照国标GB/ T 30359—2013执行，国标中明确规定了蜂花粉的定义及感官要求、理化要求。

1. 定　义

（1）**花粉**　即雄配子体，由1个营养细胞和1～2个生殖细胞组成的显花植物的雄性种质。

（2）**花粉壁**　由纤维素以及孢粉素共同构成的花粉外壳。

（3）**蜂花粉**　蜜蜂工蜂采集花粉，用唾液和花粉混合后形成的物质。

（4）**单一品种蜂花粉**　工蜂采集一种植物的花粉而制成的蜂花粉。

（5）**杂花粉**　工蜂采集两种以上植物的花粉形成的蜂花粉，

或两种以上单一品种蜂花粉的混合物。

（6）**破壁蜂花粉**　经过加工，花粉壁已经被打破的蜂花粉。

（7）**碎蜂花粉**　蜂花粉团粒破碎后形成的蜂花粉粉末。

（8）**工蜂**　在蜂群内担当采集、守卫、清理、哺育等内外勤工作的生殖器官发育不完全的雌性蜜蜂。

2. 感官要求　国家标准对蜂花粉的感官要求如表 8–4 所示。

表 8–4　蜂花粉的感官要求

项　目	要求	
	团粒（颗粒）状蜂花粉	碎蜂花粉
色　泽	呈各种蜂花粉各自固有的色泽	
状　态	不规则的扁圆形团粒（颗粒），无明显的沙粒、细土，无正常视力可见外来杂质，无虫蛀、无霉变	能全部通过 20 目筛的粉末，无明显的沙粒、细土，无正常视力可见外来杂质，无虫蛀、无霉变
气　味	具有该品种蜂花粉特有的清香气，无异味	
滋　味	具有该品种蜂花粉特有的滋味，无异味	

3. 理化要求　国家标准对蜂花粉的理化要求如表 8–5 所示。

表 8–5　蜂花粉的理化要求

项　目		指　标	
		一等品	二等品
水分（克 /100 克）	≤	8	10
碎蜂花粉率（克 /100 克）	≤	3	5
单一品种蜂花粉的花粉率要求（克 /100 克）	≥	90	85
蛋白质（克 /100 克）	≥	15	

续表 8–5

项目		指 标	
		一等品	二等品
脂肪 （克 /100 克）		1.5～10.0	
总糖（以还原糖计）（克 /100 克）		15～50	
黄酮类化合物（以无水芦丁计）（毫克 /100 克）	≥	400	
灰分（克 /100 克）	≤	5	
酸度（以 pH 值表示）	≥	4.4	
过氧化值（以脂肪计）(克 /100 克）	≤	0.08	

注：如果是碎蜂花粉，则碎蜂花粉率不做要求。

（三）蜂花粉的作用

蜂花粉被誉为“最全面的营养库”“上帝赐予的礼物”“可以食用的美容品”，蜂花粉的功效和作用如下：

①增强人体综合免疫功能。

②花粉中的维生素 E、超氧化物歧化酶（SOD）、硒等成分能滋润营养肌肤。

③花粉中的黄酮类化合物能有效清除血管壁上沉积的脂肪，从而起到软化血管和降血脂的作用。

④有效地防治前列腺疾病。

⑤服用蜂花粉可以吸收足够的营养，增强体质。

⑥调节胃肠功能。

⑦花粉中的黄酮类化合物可防止脂肪在肝上的沉积。

⑧调节神经系统，促进睡眠。

⑨花粉对贫血、糖尿病、改善记忆力、更年期障碍等有较好的辅助治疗效果。

四、其他蜂产品

（一）蜂 蜡

蜂蜡是适龄工蜂腹部的四对蜡腺分泌出来的一种蜡状物质，蜜蜂用它来建筑巢脾（图 8-2）。工蜂的 4 对蜡腺位于腹部最后四节的腹板上，蜡腺外面有透明的几丁质蜡板也叫蜡镜。蜡腺分泌出液态的蜡质到蜡镜上，一旦接触空气，便硬化为白色或淡黄色的蜡鳞。工蜂用后足将蜡鳞经前足送到上颚，通过咀嚼混入上颚腺分泌的物质制成具有可塑性的蜂蜡，即可用于筑造巢脾或封闭巢房口。每筑造一个工蜂巢房需要蜡鳞 50～70 片，雄性蜂巢房 100～120 片；每一张巢脾有巢房近 7000 个，筑造一整张完美的巢脾需要蜡鳞 40 多万片，纯重 70～100 克。

图 8-2 蜂蜡 （曹兰 摄）

蜂群中，负责蜜蜡的工蜂主要为 8～15 日龄的内勤蜂，工蜂的泌蜡能力与其日龄密切相关，8～12 日龄的工蜂蜡腺最为发达，泌蜡最多。据研究显示，工蜂蜡腺细胞在静止阶段只有 24～26 微米，最高可达 140 微米。刚羽化出房的幼龄工蜂，由于蜡腺发育不全，不具备泌蜡能力。老龄工蜂的蜡腺逐渐萎缩，一般不再泌蜡，但当蜂群失去蜂巢或幼蜂，则老龄工蜂的蜡腺还会再度发育并重新泌蜡。

我国《神农本草经》记载可以用蜂蜡治疗下痢脓血，补中，续断伤金创，益气，不饥，内劳等多种疾病。2005 年版《中国药典》记载蜂蜡具有收涩、敛疮、生肌、镇痛的功效，外用于溃疡不敛。随着近代轻工业的发展，蜂蜡的应用范围也越来越广泛，目前已经扩展到了美容、化工、农业、畜牧业等多个行业领域。

1. 蜂蜡的成分与理化性质

（1）蜂蜡的成分　国内外的学者普遍认为，脂类是蜂蜡的主要组成成分，比较中蜂蜂蜡与意蜂的蜂蜡可以发现，单脂类的成分含量最高，在中蜂的蜂蜡中高达 54.0%，其中 C46 最高，软脂酸和三十烷醇形成的脂含量约为 21%；意蜂的蜂蜡中含量约为 43.2%，其中 C48 含量最高。

烷烃也是蜂蜡的主要组成成分，然而这类物质却没有明显的药理活性。烷酸类物质是蜂蜡中酸值的主要来源，目前蜂蜡标准的重要指标之一就是酸值。蜂蜡药理活性最重要的基础物质是以三十烷醇为代表的总烷醇类成分，承担了蜂蜡大部分的营养保健功能。

（2）蜂蜡的理化性质　蜂蜡根据颜色可以分为黄蜡和白蜡 2 种，白蜡是由黄蜡经过漂白以后得到的。根据蜜蜂种类的不同，也可以分为西方系蜂蜡（高酸值）和东方系蜂蜡（低酸值）。蜂蜡在常温状态下呈现固体，具有蜜、粉的特殊香味，断面呈现微小颗粒的结晶状。咀嚼黏牙，嚼后为白色，无油脂味。蜂蜡的比重为 0.95，熔点为 64℃。蜂蜡能够溶于苯、甲苯、氯仿等有机溶剂，微溶于乙醇，不溶于水。但是在特定的条件下蜂蜡可以与水形成乳浊液。

2. 蜂蜡的生产　蜂蜡主要是通过促进蜜蜂多泌蜡、多筑脾，然后由人们将其筑造的赘脾和使用多年的老脾及分泌的蜜盖蜡、蜡瘤等收集起来，经过加工生产形成的。

（1）制造新脾、更换旧脾 充分利用蜂群的泌蜡特性、气候及蜜粉源条件，不失时机地添加巢础框促进蜜蜂筑造新脾、换下旧巢脾化蜡是蜂蜡生产的主要途径。新巢脾巢房较大，发育的幼蜂体型也较大，其经济性能优于利用老巢脾繁育的蜜蜂。巢脾随着使用代数的增加，巢房内茧衣逐渐增厚，巢房相应地缩小，某些疾病的感染源也相应地增多，对于繁殖育虫和贮蜜存粮均次于新巢脾。所以，多造新脾、淘汰旧脾，是生产蜂蜡、提质增产一举两得的好事。

（2）采蜡框生产蜂蜡 采蜡框是用于生产蜂蜡的框架。采用采蜡框生产蜂蜡，不但可以增加蜂蜡的产量，还可以提高蜂蜡的质量。采蜡框一般采用普通巢框改制而成，改制方法：一是把普通巢框的上梁拆下，在框内上部的 1/2 处钉一横木，并在两侧条上端部各钉一铁片作框耳，上梁架放在框耳上；二是在普通巢框内的中部钉上一横木，把巢框分成上下两部分。采蜡时，横木上方用于采蜡，下方仍可供育虫或贮蜜。在上梁和横木的腹面各粘上一窄条巢础后，插入继箱的蜜脾之间让蜜蜂造脾产蜡。根据蜂群和蜜源情况，每群一般可插入 2～5 个采蜡框，每隔 7 天左右割取横木上部的巢脾化蜡，然后将原框插回蜂群中再造脾产蜡。

（3）零星积累产蜡 在蜂群日常管理中，注意收集积累从巢内清理出的赘脾、蜡瘤、蜡屑，还有割除雄蜂的房盖、王台基，取蜜时的蜜盖、王台口等，积少成多，是蜂蜡生产的一个主要形式。在产蜜期可稍微加宽蜂路，以使蜜蜂加高巢房多贮蜜，通过修整巢脾也可增产蜂蜡。

（二）蜜蜂幼虫及蛹

蜜蜂幼虫及蛹是指蜂王幼虫、雄蜂幼虫及蜂蛹。蜜蜂是全变态型的昆虫，其个体发育经过卵、幼虫、蛹和成虫 4 个阶段，各个阶段的蜜蜂躯体也是养蜂业的副产品之一。蜜蜂幼虫及蛹是一

种高蛋白的营养品，可以供人及动物食用及保健，具有很高的营养价值及保健作用。

在养蜂生产实践中，幼虫期可采收蜜蜂幼虫，蛹期可采收蜜蜂蛹，成虫期采收即得成蜂躯体；在繁殖季节，蜂群中三型蜂齐全，因而可以同时采得蜂王、工蜂和雄蜂三种个体的幼虫和蛹。目前，已开发利用的蜜蜂躯体产品主要有两种：一是蜂王幼虫，二是雄蜂蛹。

（三）蜂　毒

蜂毒指的是蜜蜂用其螫针刺向敌害时，从螫针内排出的毒汁。蜂毒是蜂业生产的重要副产物之一，不同于前面提到的各类蜂产品，蜂毒更多的用于医疗行业，具有降血压、扩展血管、溶血、抗炎镇痛、抗肿瘤、抗菌以及抗辐射等作用。蜂毒还能调节机体的内分泌系统及免疫系统，是最具有开发利用价值的蜂产品之一。三种类型的蜜蜂中以工蜂的毒汁较多可以利用；蜂王毒囊虽大，贮量是工蜂的 5 倍，毒液的成分与工蜂毒液稍有差异，只因蜂王数量少，没有实际生产的意义；雄蜂根本没有毒腺和毒囊。工蜂的螫针是由已经失去产卵功能的产卵器特化而成，一对内产卵瓣演变并合成腹面具钩的中针，而腹产卵瓣演变组合成螫针，嵌接于中针之下，滑动自如。中针与螫针之间闭合成毒液道，与接受毒腺分泌液的毒囊相通，毒液经毒液道送至螫针端部注入敌体。

在生产中人们采用各种方式激怒蜜蜂，让其排毒，将毒汁排入特定的接受盘中收集起来，成为很有医疗价值的蜂毒。蜜蜂的毒腺由酸性腺和碱性腺组成。酸性腺称为毒腺，它是一根长而薄、末梢有分枝的蟠曲小管，末端扩展形成小囊泡，毒腺管的内壁由内分泌细胞、导管形成细胞和鳞状上皮细胞组成，蜂毒的有效活性组分产生于此，毒腺产生的毒汁贮存在毒囊中。碱性腺短而厚，轻微弯曲，它开口于螫针基部的球腔，内壁由上皮细胞组成，它主要分泌报警信息素。

蜂毒在蜜蜂出房后开始生成，随着日龄的增长而逐渐增加。到 15 日龄达到最高，20 日龄以后毒腺失去泌毒的功能，一经排毒后蜂毒量不再增加。工蜂蜂毒的多少与饲料有着密切的关系，在蜂花粉充足的季节，工蜂体内的蜂毒量多。在正常的情况下每只 10 日龄工蜂平均泌毒量为 0.237 克，如出房只供给工蜂糖类饲料，不供给蜂花粉饲料，其泌毒量仅为 0.056 毫克。实践表明，在蜂花粉充足的季节生产蜂毒可获得较高的产量。

参考文献

［1］余林生．蜜蜂产品安全与标准化生产［M］．合肥：安徽科学技术出版社，2006.

［2］董捷．无公害蜂产品加工技术［M］．北京：中国农业出版社，2003.

［3］陈盛禄．中国蜜蜂学［M］．北京：中国农业出版社，2001.

［4］顾雪竹，李先端，钟银燕，毛淑杰．蜂蜜的现代研究与应用［J］．中国实验方剂学杂志，2007，13（6）：70–73.

［5］彭涛，杨旭新．蜂蜜发酵饮料的开发研究［J］．中国酿造，2010（2）：174–179.

［6］刘进．蜂王浆 10–HAD 提取和饮料加工技术研究［J］．食品研究与开发，2003（6）：53–55

［7］许具晔，许喜兰，李晓晴．蜂王浆保鲜与贮藏方法［J］．保鲜与加工，2007（3）：55–56.

［8］蓝瑞阳，朱威，季文静，胡福良．蜂王浆蛋白质提取工艺研究［J］．蜜蜂杂志，2008（3）：18–20.

［9］蔡柳，林亲录．蜂王浆的研究进展［J］．中国食物与营养，2007（8）：19–22.

［10］陈露，吴珍红，缪晓青．蜂王浆的研究现状［J］．中国蜂业，2012（3）63：52–54.

［11］沈立荣，等．蜂王浆的营养保健功能及分子机理研究进展［J］．中国农业科技导报，2009，11（4）：41–47.

［12］黄盟盟，等．蜂王浆的主要活性成分及其保健作用［J］．中国酿造，2009（2）：152–154.

［13］季文静，胡福良．蜂王浆抗衰老作用的研究进展［J］．蜜蜂杂志，2009（9）：8–11.

［14］侯春生，骆浩文．蜂王浆主要功能、有效化学成分及在食品工业中的应用［J］．广东农业科学，2008（12）：121–124.

［15］徐响，张红城，董捷．蜂胶功效成分研究进展［J］．食品工业科技，2008，29（9）：286–289.

［16］王朝勇．蜂花粉的主要成分和生理功能及其在畜牧生产中的应用研究［J］．浙江畜牧兽医，2010（6）：12–14.

［17］刘健掏，等．蜂花粉生物活性物质的研究进展［J］．食品科学，2006，27（12）：909–912.

［18］李光，等．蜂蜡的现代研究［J］．中国医药导报，2010，7（6）：11–13.

［19］刘红云，童福淡．蜂毒的研究进展及其临床应用［J］．中药材，2003，26（6）：456–458.

［20］周冰峰．蜜蜂饲养管理学［M］．厦门：厦门大学出版社，2002.

［21］梁勤．蜜蜂保护学［M］．北京：中国农业出版社，1996.

［22］刘玉强．冬季防止老鼠和晌鼯对蜂群的危害［J］．中国蜂业，2014：24.

［23］祝长江．蜜蜂孢子虫病与阿米巴病的鉴别诊断［J］．中国蜂业，2011：19–20.

［24］姬聪慧．蜂螨防控技术研究进展［J］．动物医学进展，2009（10）：94–97.

［25］曹兰．蜜蜂囊状幼虫病研究进展［J］．蜜蜂杂志，2010（4）：35–36.

［26］曹兰．中蜂幼虫期疾病的种类与防治方法［J］．黑龙

江畜牧兽医，2015（9）：164–167.

［27］曹兰. 中蜂甘露蜜中毒诊治［J］. 蜜蜂杂志，2015（1）：3.

［28］曹兰. 中蜂巢虫防治研究进展［J］. 中国蜂业，2016（67）：33–34.

［29］代平礼. 养蜂业相关主要寄生蜂［J］. 中国蜂业，2012（Z1）：19–21.

［30］王福仁. 注意蜘蛛对蜂群的危害［J］. 蜜蜂杂志，2002（2）：38.

［31］汉学庆，邵有全，郭媛，等. 山西主要蜜源植物调查［J］. 中国蜂业，2010，61（6）：36–38.

［32］董霞，林尊诚. 云南主要蜜源植物分级［J］. 蜜蜂杂志，2002（8）：31–32.

［33］贺丽萍，李志忠，孙彦楠，等，内蒙古鄂尔多斯市的蜜源植物资源［J］. 干旱区资源与环境，2010，24（3）：169–172.

［34］唐国忠，韩晓弟，张法忠. 昆嵛山蜜源植物资源［J］. 特种经济动植物，2003，6（5）：29–31.

［35］周勇，王晓冬. 黑龙江省野生草本蜜源植物资源［J］. 国土与自然资源研究，2003（2）：83–84.

［36］姬聪慧，高骏，王瑞生. 城口县蜜源植物资源分析［J］. 蜜蜂杂志，2014，34（1）：14–16.

［37］张炫，谭垦，刘意秋. 云南热区五种特色蜜源植物的调查［J］. 蜜蜂杂志，2000（2）：8–10.

［38］唐伟斌，孙瑞芬，陈霞. 河北南部山区野生蜜源植物［J］. 特产研究，2004，26（1）：31–33.

［39］薛超雄. 南方蜜源植物表［J］. 养蜂科技，2005（5）：37.

［40］高新云，匡海鸥，胡彦召. 北疆蜜源植物调查及蜜源

基地建设［J］. 新疆农业科技，2006（1）：39–40.

［41］陈云飞，苟光前，王瑶. 贵州省江口县木本蜜源植物资源初步调查［J］. 山地农业生物学报，2016，35（6）：40–48.

［42］辛华，曹玉芳. 山东省的主要蜜源植物［J］. 养蜂科技，2000（2）：25–26.

［43］张建民. 山东省的主要蜜源和辅助蜜源植物［J］. 特种经济动植物，1999，2（3）：33–34.

［44］柯贤港，张文松. 福建蜜源植物的研究［J］. 中国蜂业，1987,（4）：21–24.

［45］周莉，袁玉伟，王伟. 福建省有毒蜜源植物雷公藤初步调查［J］. 中国蜂业，2017，68（2）：41–43.

［46］陈黎红，吴杰，王建梅. 我国有毒蜜源植物调查——预警全国养蜂生产者远离［J］. 中国畜牧业，2017（8）：53–54.

［47］曾志将. 蜜蜂生物学［M］. 北京：中国农业出版社，2007.

三农编辑部新书推荐

书　名	定　价	书　名	定　价
怎样当好猪场场长	26.00	蜜蜂养殖实用技术	25.00
怎样当好猪场饲养员	18.00	水蛭养殖实用技术	15.00
怎样当好猪场兽医	26.00	林蛙养殖实用技术	18.00
提高母猪繁殖率实用技术	21.00	牛蛙养殖实用技术	15.00
獭兔科学养殖技术	22.00	人工养蛇实用技术	18.00
毛兔科学养殖技术	24.00	人工养蝎实用技术	22.00
肉兔科学养殖技术	26.00	黄鳝养殖实用技术	22.00
肉兔标准化养殖技术	20.00	小龙虾养殖实用技术	20.00
羔羊育肥技术	16.00	泥鳅养殖实用技术	19.00
肉羊养殖创业致富指导	29.00	河蟹增效养殖技术	18.00
肉牛饲养管理与疾病防治	26.00	特种昆虫养殖实用技术	29.00
种草养肉牛实用技术问答	26.00	黄粉虫养殖实用技术	20.00
肉牛标准化养殖技术	26.00	蝇蛆养殖实用技术	20.00
奶牛增效养殖十大关键技术	27.00	蚯蚓养殖实用技术	20.00
奶牛饲养管理与疾病防治	24.00	金蝉养殖实用技术	20.00
提高肉鸡养殖效益关键技术	22.00	鸡鸭鹅病中西医防治实用技术	24.00
肉鸽养殖致富指导	22.00	毛皮动物疾病防治实用技术	20.00
肉鸭健康养殖技术问答	18.00	猪场防疫消毒无害化处理技术	22.00
果园林地生态养鹅关键技术	22.00	奶牛疾病攻防要略	36.00
山鸡养殖实用技术	22.00	猪病诊治实用技术	30.00
鹌鹑养殖致富指导	22.00	牛病诊治实用技术	28.00
特禽养殖实用技术	36.00	鸭病诊治实用技术	20.00
毛皮动物养殖实用技术	28.00	鸡病诊治实用技术	25.00
林下养蜂技术	25.00	羊病诊治实用技术	25.00
中蜂养殖实用技术	22.00	兔病诊治实用技术	32.00